干旱管理方法研究

郭东明　霍延昭　郭清　孙玉华　等　著

中国水利水电出版社
www.waterpub.com.cn

内 容 提 要

本书主要介绍了干旱管理方法，包括干旱及干旱灾害、与干旱管理相关的国际理念与方法、干旱的脆弱性分析与管理策略制定、干旱等级指标体系的建立、水资源模型及干旱缺水量的计算与预测、干旱管理的行动措施和触发点、干旱管理的组织体系及行政程序设计、干旱管理规划（预案）的编制和长期水资源管理中的干旱管理等内容。

本书可供从事抗旱、水资源规划与管理的技术人员和管理者使用，也可供从事水利、水文、气象、农业减灾、水环境保护、供水等行业专业人士和大专院校师生参考借鉴。

图书在版编目（CIP）数据

干旱管理方法研究 / 郭东明等著. -- 北京 ：中国
水利水电出版社，2012.9
　ISBN 978-7-5170-0193-5

　Ⅰ．①干… Ⅱ．①郭… Ⅲ．①干旱－管理方法－研究
Ⅳ．①P426.616

中国版本图书馆CIP数据核字(2012)第224973号

书　　名	**干旱管理方法研究**
作　　者	郭东明　霍延昭　郭清　孙玉华　等　著
出版发行	中国水利水电出版社
	（北京市海淀区玉渊潭南路1号D座　100038）
	网址：www. waterpub. com. cn
	E-mail：sales@waterpub. com. cn
	电话：(010) 68367658 （发行部）
经　　售	北京科水图书销售中心 （零售）
	电话：(010) 88383994、63202643、68545874
	全国各地新华书店和相关出版物销售网点
排　　版	中国水利水电出版社微机排版中心
印　　刷	北京瑞斯通印务发展有限公司
规　　格	140mm×203mm　32开本　7.5印张　202千字
版　　次	2012年9月第1版　2012年9月第1次印刷
印　　数	0001—1000册
定　　价	**38.00元**

《干旱管理方法研究》
撰写组

组　长　郭东明

副组长　霍延昭

撰写者　郭东明　霍延昭　郭　清　孙玉华

　　　　　吴俊秀　孙　娟　田文英　栾天新

　　　　　田　英　刘　革　罗建芳

前　言

　　干旱灾害是最严重的自然灾害之一。在世界范围内每年都会有大量的干旱灾害发生，我国是旱灾尤为严重的国家，旱灾损失巨大且日趋严重。如何采取更科学有效的办法来减少干旱灾害，是我们面临的重要课题。

　　长期以来我国政府和人民为了减少旱灾损失，进行了大量的努力，并取得很大成效。但与洪水管理（防汛）相比，干旱管理（抗旱）仍处在十分被动和落后的状态。在防汛方面，我们不仅进行了大量的工程体系建设，经过长期以来的不断研究探索目前已形成了比较成熟的管理方法，建立起了完整的监测、分析、预测、调度和抗洪救灾管理体系。特别是近年来国家防汛指挥系统的建设，使我国的抗洪减灾能力得到进一步的提高。但在干旱管理方面，还缺少对干旱发生与发展的深入了解，缺少对干旱管理方法的研究，还没有建立起一整套科学的管理方法体系。每当干旱发生时，虽然进行了积极的主观努力，但更多的是被动和无奈，还缺少减轻旱灾的有效办法。

　　与洪水相比干旱是一个相对缓慢的发展过程，其灾害在这一过程中逐渐显现出来，且很多灾害是隐性的。不像洪水灾害在短时间内就造成大量的人身和财产损失，从而引起人们的重视。但在我国的历史上，每当大的干旱发生，都会因干旱造成的粮食减产而产生大的饥荒，使大量的人饿死。目前，非洲及其他地区的一些发展中国家仍不断因发生干旱而引发严重的饥荒。我国目前虽然已经解决了温饱问题，但旱灾仍然是粮食安全所面临的重大挑战。特别是，随着我国社会经济的快速发展，工业化、城市化步伐加快，对水资源的需求与日俱增。大量的水资源需求造成水资源开发利用程度的快速提高，从而使干旱灾害更加严重。目前我们面临的不仅是农业干旱，干旱缺水造成工业损失、城乡居民的饮水困难、环境污染加重等问题都日趋凸显。我们必须建立起减少干旱灾害的长久之策和干旱来临时应对干旱的科学有效办法。

目前，在世界范围内减灾理念正在发生着深刻的变革，人们越来越多地认识到风险管理比危机管理在减少灾害损失方面有着更大的优越性。在干旱管理方面，人们更多地引入了风险管理的理念和策略。同时新技术的不断涌现，包括信息化水平的不断提高，也为干旱管理提供了新的手段和方法，一个新的干旱管理理念、策略和技术方法体系正在形成。我们需要以新的视角来审视传统干旱管理方法，汲取经验，找出不足，建立起更好的干旱管理方法体系，以减少干旱灾害损失。

在 2007～2008 年，中英合作水资源需求管理项目（WRD-MAP）以朝阳市大凌河流域为案例，开展了干旱管理方法的专题研究。在随后的数年中，本书作者团队持续开展了这方面的研究和探索，本书介绍了这方面的研究成果。

感谢国家水利部领导和英国国际发展部官员在项目期间对本研究的支持！感谢项目国际专家组组长 Don moore 先生（英国）、干旱管理研究国际专家 Larry Quinn 先生（美国）在项目期间所介绍的国际理念、经验及对研究的指导！感谢 Roar Jensen 先生（丹麦）在大凌河流域 Mike Basin 模型搭建过程中的指导！模型为流域干旱缺水量计算、用水优化调度及用水紧急限制方案制定的情景分析提供了工具。感谢 Frances Elwell 博士（英国）在 Qual2k 水质模型搭建过程中的指导！模型为干旱缺水情况下流域水质恶化状态及污染企业用水排水限制方案制定的情景分析提供了工具。辽宁省水利厅厅长助理姜长全直接领导了中英水资源需求管理项目在辽宁的开展，尉成海任项目办主任，苗政永任项目经理，他们对干旱管理案例研究工作给予了大力支持和指导，在此表示感谢！

本书由郭东明主笔，撰写了第1、第2、第4、第7、第8、第10章及第5章5.3节以外部分。郭清为本研究进行了大量国际干旱管理文献的检索和翻译工作，进行了标准化降水指数（SPI）计算，撰写了第9章，第5章的5.3节，与郭东明共同撰写了第3章。吴俊秀在研究中承担了Mike Basin模型搭建工作，撰写了第6章有关Mike Basin模型及应用部分。栾天新、田英承担了Qual2k水质模型搭建工作，撰写了第6章有关Qual2k模型及应用部分。田文英在研究中承担了GIS系统开发工作。刘革承担了数据整理和分析工作。霍延昭作为中英水资源需求管理项目朝阳案例实施办主任直接参与了干旱管理方法研究工作。李昱、孙玉华、辛云峰、代影君、罗建芳、孙娟、梁松雪、贾国珍、唐继业、曲锦艳、付洪涛、李红英、滕凡全、刘瑞国、任全志、武立国、李云生、王德旭、张敏、李东、李静华、李立、郭爱枫、肖志国进行了大量的流域用水数据调查和干旱管理案例研究工作。

由于笔者水平有限，书中难免有不足之处，请读者不吝指教。

编者

2012年4月

MULU

目　录

1

概论

1.1　干旱和干旱管理

本书所指的干旱，是在一段时期内因降水量明显减少、蒸发量加大或融雪水量不足而导致的水资源短缺，并影响到人类社会、经济和环境对水资源的正常需求。对于大多数流域或地区，降水量明显减少是造成干旱的主要原因。而降水的明显减少一般会伴随着蒸发能力的加大，这主要是因为晴天的增多和气温的升高，蒸发能力加大进一步导致了干旱缺水的加剧。对于以融雪水为主要水源的区域，会因积雪量不足或气温偏低而致使融雪水量不足，从而导致水资源短缺。

干旱可分为两类。一类干旱是永久性干旱，如非洲的撒哈拉沙漠和位于中国新疆的塔克拉玛干沙漠等区域，多年平均年降水量基本上不超过 50mm，在这类地区干旱是正常的气候特征，通常把具有永久性干旱的地区划分为干旱气候区；另一类干旱是阶段性干旱，这类干旱多数情况是由于某一时期降水量明显偏少于期望值（正常年同期降水量）所造成的，这是在任何一种气候带都可能发生的，是由于大气环流的波动致使降水量产生丰、枯变化所造成的。本书干旱管理方法研究主要针对的是第二类干旱。

干旱是对人类危害最大的自然灾害之一。在世界范围内，每年都有很多的地区发生干旱。在我国，北方的大部分地区和南方的一些地区，干旱频繁发生，由干旱缺水所造成的社会、经济、环境损失巨大。

严重的干旱灾害，迫使我们采取各种措施来减轻旱灾带来的损失。但有时我们的这种行动会因违背自然规律而收效甚微，甚至反而会使干旱危害加重。因此，人们需要加强对干旱的了解，通过采取更合理的预防和应对措施来减少干旱损失。在我国，长期以来，政府和人民为减少旱灾损失进行了大量的努力，取得了很大的成效，并积累了很多经验，但同时也存在很多缺陷和问题。特别是随着社会、经济的发展，水资源需求量快速增加，水资源利用程度越来越高，致使干旱时期的缺水问题更加严重。同时，人类社会总体科学、技术和管理水平的提高，也为干旱管理提供了新的减灾理念、技术和方法。因此，我们需要对传统的抗旱减灾活动赋予新的理念和方法，通过不断的提高干旱管理水平来减少干旱所造成的灾害损失。

目前，国际上把针对干旱风险的减灾管理称为干旱管理。在我国，传统上把干旱管理称作抗旱。干旱管理，就其本质而言是解决干旱时期缺水问题的水资源管理。但解决干旱时期的缺水问题与解决长期的缺水问题有着密切的联系，特别是对于干旱半干旱地区。如我国北方的大部分地区和南方的一些地区，在降水正常的情况下水资源仍严重短缺，在干旱时期缺水问题就更加严重，且干旱频繁发生。对于这样的地区，解决好长期的缺水问题将有助于解决干旱时期的缺水，在制定长期水资源规划、政策和具体的水资源管理中要充分考虑干旱的影响，统筹解决正常来水和干旱缺水时期的水资源问题。同时，当干旱发生时，还需要一系列的应对措施，来减少干旱缺水造成的损失。干旱管理是建立在长期水资源管理基础之上，并对干旱时期缺水风险采取减灾措施的水资源管理。

1.2 对我国传统干旱管理方法的回顾与分析

1.2.1 对传统干旱管理目标和基本策略的分析

我国传统的干旱管理方法是建立在社会经济不发达，用水需求相对较低，水资源开发程度也很低的情况下。自 1949 年中华人民共和国成立至 1970 年，我国城市人口规模和工业规模都相对较小，这方面的水需求量也较小，整个水资源开发利用程度较低，绝大部分城市和工业用水是可以得到基本保证的。此时，干旱管理要解决的主要问题是干旱时期的农业缺水与偏远山区农民的饮用水问题。在这一时期我国已开始进行了大量的水利工程建设，主要目标是防洪和增加农业灌溉面积，提高粮食和其他农作物产量，解决全体人民的温饱问题。但受经济总体情况的限制，水利工程的规模仍很小，对水的调节能力也比较小，水资源开发和利用程度很低。在这种情况下，当干旱发生时，为了解决农业缺水问题，主要是采取一些紧急措施来获取新的水源。由于地下水的汇流时间长，自然调蓄能力大，受短期降水偏少的影响小，且开采便捷，"打井抗旱"就成为抗旱的主要行动。在河流具有一定流量的情况下，河水也是干旱时期可获取的水源，人们会紧急掘渠，建立一些临时性的小型引、提水工程来紧急取水，甚至通过车拉肩挑的方式来取水。在这一时期，干旱管理的实际目标是尽可能地满足供水，干旱管理的策略是从自然界获取更多的水。

以此目标和策略建立起来的干旱管理方式与方法，长期以来在抵御干旱灾害的过程中发挥了重要的作用，特别是在减少干旱对农业造成的损失方面。在水资源开发利用程度较低的情况下，通过政府的组织、号召和直接干预，通过广大农民艰苦的努力，尽可能多地获取水源来保证农作物在干旱缺水时期的生存和生长，减少干旱所造成的农产品减产，对于尽可能地保证人民的基本温饱十分重要。

干旱缺水时从自然界获取更多水的策略，在水资源开发利用程度低时是有效果的，但随着水资源利用程度的提高，效果将逐步丧失。随着经济的发展，人口的增多，人们生活水平（包括舒适程度）的提高，水资源需求量大幅增加，水资源开发利用程度也越来越高。特别是改革开放以来，我国经济得以快速的发展（特别是第二产业的快速发展），导致了对水资源需求量剧增。越来越多的水资源需求促使水利工程建设不断推进，水利工程的调节能力不断加大，从而使水资源开发和利用程度越来越高。目前，在我国北方的大部分地区和南方的一些地区，水资源开发利用程度已经很高，很多流域已经达到了极限，并引发了水环境的恶化。水资源的高度开发，使干旱管理所面临的问题已不只是农业缺水问题，而是整个社会、经济和环境的缺水。同时，受水资源承载力的限制，在水资源高度开发利用的情况下，当干旱发生时，打了井未必能取到水，河流流量的减少甚至断流已导致无水可取，试图在干旱时期多取水的行动往往是盲目的、劳而无功的或收效甚微，并且造成水环境的恶化。

这就是说，在我国北方的大部分地区和南方的一些地区，在水资源开发程度已经很高的情况下，仍沿用从自然界获取更多水的干旱管理策略来实现满足供水的目标，已经是不合时宜的，需要重新审视干旱管理的目标和策略。

事实上，干旱管理的最终目标是减少因干旱缺水所造成的社会、经济和环境损失。对于任何流域或地区，干旱时期天然来水量的减少使正常来水情况下的水资源供需状况被打破，人类社会、经济和环境的正常用水无法得到满足，所造成的损失是必然的。人们所能实现的目标是，在已具备的科学技术和管理能力的条件下，使旱灾损失最小。

如此确立干旱管理的目标，与满足供水的目标相比，增加了通过对水需求进行管理来减少旱灾损失的途径和策略。这样，对于水资源丰沛且开发利用程度低的流域或地区，可以同时采取获取新的水源和水需求管理两方面的干旱管理策略，以社会、经济成本低和效用大作为策略选择的标准。对于缺水的地区或流域，由于水资源的利用量已经达到甚至超过可利用量，就必须采取需求管理的策略，通过提高水资源的利用效率和使仅有的水发挥更大的经济效益来减少旱灾损失。事实上，随着水危机的加重，要在大量社会经济用水需求的重压下保持环境的可持续，未来更多的是采取需求管理的策略，通过把干旱缺水时期仅有的水用的更好来减少旱灾损失。

通过水需求管理策略来减少旱灾损失，主要是通过提高水资源的利用效率和效益来使仅有的水用的更好。在提高水资源利用效率方面，需要采取更多的节水措施，这包括采用节水技术和改善人们的用水行为。在提高用水效益方面，需要做的是调整用水结构，把水用到更高社会、经济效益和低污染的用水方面，减少低效益高污染用水。

在采用节水技术方面，关键要形成一个长期的行为。因为对于大多数工业企业，其生产的技术设备和工艺难以在干旱发生时进行临时性改变，农业灌溉也是如此。因此，工程技术方面的节水应该是一个长期的行为，通过不断的节水技术改造、加强污水处理和提高水的重复利用率，来减少用水和耗水量并减少污染。这样就从总体上减少了用水需求量和污染负荷量，自然也就减少了干旱时期的用水压力和环境压力，使干旱缺水时期的损失减小。通过节水来减少长期的水资源的需求量，会使流域或区域内水资源蓄变量增加，从而降低干旱时期的缺水程度。因此，采用节水技术是同时解决长期缺水和干旱缺水的重要策略，这一策略的运用要在长期的水资源管理中持续地进行。

在改善人们的用水行为方面，不仅是长期水资源管理的节水策略，更是干旱管理时期的重要节水策略。从长期的水资源管理来讲，改善人们用水的不节水行为，有利于从总体上减少用水需求。在干旱缺水时期，人们需要严格的节水自律，为节水牺牲一定的生活舒适度，避免奢侈用水，这会在很大程度上减少水需求压力，把有限的水用在高效益用水上，从而减少干旱缺水造成的损失。

通过改善用水结构来提高用水效益，也应是长期水资源管理应解决的问题。因为用水结构的调整应是一个持续的、长期的过程，应通过本地水资源和其他各类资源的协调开发和利用来使水资源的社会、经济和环境效益最大化。毫无疑问，这在解决长期用水效益问题的同时，也有利于干旱缺水时期用水效益的提高。

在干旱时期，通过提高社会、经济用水效益来减少旱灾损失的策略上，一个重要的方法是通过减少低效益用水，来保证高效益用水。也就是在既有用水结构的情况下，根据干旱缺水量和分布，对社会、经济效益低和污染严重用水进行限制，从而保证高效益用水，并减少干旱缺水时期对水体的污染负荷，从而使旱灾损失最小。因为，对于缺水地区，其用水量是按正常水资源可利用量配置的，当干旱发生时，水资源可利用量必然少于正常情况，这就会造成一部分用水得不到满足，此时通过减少低效益高污染用水来保证高效益用水是降低旱灾损失的明智做法。

同时，还必须强调，传统干旱管理在策略上还存在着缺少科学管理的问题。长期以来，缺少对干旱缺水的定量化管理和更科学的调度，基本上是一种粗放的管理状态。事实上，干旱管理的本质是通过把仅有的可利用水量用得更好来减少旱灾损失。这就意味着，在干旱缺水时期，首先要对可供水量、缺水量及其时空分布进行定量分析，根据缺水量及时空分布采取科学调度的方式分析确定供水和对低效益高污染用水的限制方案，进而使干旱缺水造成的损失减少到最低程度。

近些年来，也采取了一些通过提高用水效率和效益的措施来减少干旱损失，并逐步改善粗放的管理状态。如干旱发生时采取提高水价或采用梯级水价来促进节水和限制洗车用水等。但在意识上还缺少一种目标和策略上的认知，在行动上也是凌乱的，还缺少系统的、较全面的方法和措施。

1.2.2 传统干旱管理在技术与方法上所需的改进

传统干旱管理目标与策略的改变，将导致干旱管理在技术和管理方法上的改变，以适应水资源高度开发利用情况下减少旱灾损失的需要。为此，要建立起以水需求管理为主的科学的干旱管理技术与方法体系。

实施科学的以需求管理为主的干旱管理，需要从干旱时期水资源管理和长期水资源管理两方面入手。对于干旱时期的水资源管理，首先，需要对干旱进行准确的监测和风险评估；然后，根据对干旱风险的评估作出干旱管理响应，干旱管理响应是一个根据不同的干旱缺水风险采取相应管理措施的过程；随后，是灾害评估和灾害救助，对于不可避免的旱灾损失需要对受灾群体进行救助，并鼓励自救（从长远的目标看，救助和提高自救能力之间的关系与输血和提高造血能力之间关系是相同的），特别是严重干旱发生时；最后，通过对干旱管理的总结，为未来的干旱管理提供经验。在长期的水资源管理中，要正视本地干旱发生的频次和深度，合理地调整用水结构，提高用水效率，从而使水资源产生更大的社会、经济和环境效益，在整个水资源管理中要对减少干旱损失的总体性和长期性问题加以解决。在干旱管理中，需要运用新的技术方法和管理方法，改变传统干旱管理方法中简单、粗放的做法。

1. 干旱监测与信息交流

干旱监测是干旱风险评估及整个干旱管理的信息基础，应根据本流域水资源的特点和干旱特征对干旱进行全面、持续监测。对于任何以降雨所产生径流作为水资源的流域，干旱主要是由于降水的减少所引起的，因此，降水监测数据是反映干旱程度的决定性指标；而地表径流量、地下水位和各类供水工程的可调蓄水量是直接反映干旱缺水程度的重要指标；干旱时期河流和地下水的水量减少导致水环境容量下降，此时水质监测数据对于采取合理的行动来保护水环境质量十分重要；而对于农业来讲，土壤墒情是反映作物缺水状况的直接指标，这需要进行认真的监测。而要使这些数据更好地发挥作用，需要将其系统的整合，以综合反映干旱缺水状况。

回顾传统的干旱监测，存在着监测不足、手段落后及数据缺乏交流和整合的问题。现有的干旱监测在降水监测方面是基本满足的；河道径流监测有些不足，特别是中小河流上水文站偏少，这与现有监测系统主要服务于大中型水利工程建设和防洪的需求有关；地下水监测对于地下水量的评估十分重要，但目前地下水监测明显不足，不能反映各水文地质单元的地下水状况；土壤含水量的监测，对于农业干旱管理至关重要，但目前墒情站点普遍明显不足，且监测频次不足，不能及时、准确地反映各类耕地的实际缺水状况，这不利于为灌溉和整个农业干旱管理决策提供信息支持；水质监测的不足主要反映在监测站点和频次上。监测手段的落后是导致监测不足的一个重要的原因，长期以来服务于防洪的监测得到了较好的发展，但不能与防洪共享的干旱监测在手段上还很落后。如：地下水和土壤墒情的监测，监测能力的不足在一定程度上导致了监测信息量的不足。

流域或区域内取水、用水和耗水数据的准确计量和测定对于干旱管理是十分重要的，因为只有同时具备了干旱时期的来水数据和用水需求数据，才能准确地确定流域的干旱缺水量，才能定量的进行干旱缺水风险的管理，目前这方面是十分薄弱的。

传统干旱监测（包括用水计量和相关指标测定）是由政府不同部门进行的，且各部门缺少信息交流，各部门根据本部门的监测信息进行干旱状况分析。由于缺少信息的整合，各部门的信息都是不全面的，其分析结果是可想而知的。缺少部门间信息的交流和完整信息系统的建立，阻碍了仅有信息的有效利用。

2. 干旱风险评估

干旱监测和干旱风险评估是干旱决策的依据，传统干旱管理不仅在干旱监测方面存在不足，在干旱风险评估方面也存在严重问题，这导致了干旱管理只能采取一种定性的、粗放的方式。干旱风险评估可包括以下 3 个方面：干旱程度等级划分、干旱缺水量计算和干旱预测。

（1）干旱程度等级划分。传统干旱管理进行干旱等级划分只是近几年才开始的。而目前采取的干旱等级划分，对于干旱管理只起到警示作用，告诉人们干旱已发展到更加严重的程度，但对于不同等级的干旱，应采取怎样的干旱管理行动基本上没有起到指标性作用。

干旱程度等级划分的目的是把干旱发生和发展的过程划分成不同程度的阶段，并明确不同干旱程度阶段的主要社会、经济和环境危害，从而使干旱管理针对这些主要危害进行科学的决策和采取行动。也就是说，不同的干旱等级，对应着不同的主要干旱危害，应采取不同的干旱管理行动。如，若把轻度干旱确定为雨养农业干旱，当判断轻度干旱发生时就应针对雨养农业干旱进行决策和行动；若把严重干旱确定为社会经济干旱，当严重干旱发生时就应根据缺水量的计算结果对低效益和高污染用水采取紧急限制。这就需要根据本流域的实际情况，对不同干旱程度等级的划分制定准确的指标。

以往的干旱程度等级划分，是以受灾面积、受灾人口作为主要指标，而把降水、径流等反映缺水状况的重要指标只作为说明性数据。事实上，受灾面积和人口是灾后评估指标，应主要用于灾害损失评估和救助等方面。且这些数据在短时间的紧急统计和上报，往往不够准确。在干旱管理过程中，干旱程度等级指标应以反映流域水资源减少程度和形态的数据来划分，从而使干旱管理根据水资源的减少程度和形态来采取更具有明确针对性的有效措施。

（2）干旱缺水量计算。在干旱管理中，特别是发生社会经济干旱时，准确地确定流域的缺水量和缺水状况下的水质，对于进行科学的干旱管理决策十分重要。因为只有明确了整个干旱地区各水资源单元的干旱缺水量和水质状况，才能有针对性地采取有效的减灾措施。传统的干旱管理中，缺少对流域干旱缺水量的准确分析计算，致使干旱管理决策的盲目性和行动的粗放性。准确的流域干旱缺水量计算可以使我们进行的水资源调配更加科学合理，使仅有水发挥更大的作用。同时缺少对干旱情况下水质状况的评估，不利于对干旱时期水质恶化状况的把握和解决。现代水资源管理的科学技术方法提供了很多水资源模型工具，运用这些模型工具我们可以比较准确地确定流域的干旱缺水量和水质状况，从而采取有效的措施来减少干旱缺水所造成的社会、经济和环境损失。

（3）干旱缺水预测。在传统的干旱管理中，很少重视干旱预测对减少干旱损失的作用。这主要是由于人们对于干旱预测的准确性缺少信心。目前的科学发展确实还达不到对干旱进行准确预测的程度，但在这方面还是可以通过现有的知识和努力为减少旱灾做出有意义的工作。可把干旱预测划分为气象预测和水文预测。气象预测主要是提供未来降水量和气温等与干旱密切相关数据的预测，水文预测可根据未来降水、蒸发的预期，来进行地表、地下水资源来水量的预测。就气象预测而言准确的中长期预测确实很困难，但近年来人们对气象变化规律的认知已有了很大进步，在中长期的降水、气温预测方面取得了进展，发达国家和我国的中长期预报对于干旱管理有一定参考价值。而水文预测，由于其具有比气象预测更好的确定性，在干旱管理中可发挥重要的作用。各类水文模型为此提供了很好的工具。

3. 干旱管理措施与用水优先级确定

如前所述，传统干旱管理是通过获取更多水的策略来实现满足供水的目标。这造成了水需求管理策略的缺失，也就导致了水需求管理措施的缺失。对于广大的缺水地区，需要根据本地的实际情况，建立起在干旱时期通过减少低效益用水来保证高效益用水的减灾方法体系，同时要根据本地的干旱特征建立起提高用水效率与效益的长期用水策略和措施。另外，传统干旱管理方法在技术上的落后，也导致了管理方法上的粗放。

在干旱发生时，首先受到影响的是农业干旱，特别是雨养农业的干旱。因为，在作物生长期，在蒸发和植物蒸腾的作用下，短时期的降水减少就会使土壤的含水量低于作物需求量，造成农作物缺水。当发生农业干旱时，对于水资源比较丰沛的地区，当然可以通过灌溉来解决农作物缺水。但是对于缺水地区，就不能直接采取传统的干旱管理方法。对于缺水地区农业干旱的管理，根据本地干旱特征、水资源条件和其他农业资源条件，更多地种植耐旱作物可能是一个比较好的选择，而且很多耐旱作物具有很高的经济价值。缺水地区合理确定雨养农业和灌溉农业的规模是十分重要的，要避免超过水资源条件的灌溉规模过大。否则不切实际地扩大灌溉面积，在干旱频繁发生的水资源条件下，必然导致灌溉保证率的降低，使农业的总体经济效益减少。若把灌溉面积设定在合理的范围，一方面要保证灌溉农业的稳产高产，另一方面要在那些坡耕地和水源条件差的耕地种植耐旱且经济价值高的作物，这样既节省了水资源的总体用量，又减少了旱灾损失。同时要做好节水灌溉，目前在节水灌溉方面我们还具有很大的节水潜力。在此基础上，当干旱发生时，应根据对干旱风险的评估，及时而充分地向农民提供干旱、干旱管理、作物栽培、农作物市场、务工市场的信息和技术服务，通过农民的自主决策和行动来减少旱灾损失。在干旱时期，对于灌溉农业的用水则应放在整个社会经济用水的总体效益分析中加以考量。

偏远山区农民的人畜饮水是极易遭受干旱影响的。干旱发展到一定程度后，就会出现偏远山区农民的饮用水困难。事实上，很多缺水地区，不仅存在干旱时期的人畜饮水问题，在正常来水情况下人畜饮水也十分困难。解决干旱所造成的农村人畜饮水问题也需要从长期和干旱时期两个方面来加以解决。从长期的水资源管理来说，人畜饮水问题主要是通过为其提供可靠性更高的水源和对自然条件不足的地区采取移民措施加以解决。目前我国水行政主管部门已把解决农村饮水问题作为一个重要的专项工作，并取得了很大进展，这对于干旱时期农村饮水问题的解决发挥了重要的作用。而对于那些水资源及各种资源状况不具备基本生活条件的地区，移民可能是更好、更经济的解决办法。通过这些长期水资源管理的办法，可以大大减低干旱时期农村人畜饮水困难的风险。对于干旱时期的水资源管理来说，当通过干旱风险评估，发现将会发生农村饮水困难时，应及时向这些农民提供准确的信息，使其能采取措施进行规避，政府和农村自治组织应采取行动，通过集体的力量和政府的救助，帮助农民解决人畜饮水困难。

当干旱严重到一定的程度，会造成社会、经济和环境用水的全面紧张，甚至出现城市饮用水的困难。如前所述，对于缺水地区，要在长期的水资源管理中通过调整用水结构把水用到更高效益的方面，同时要提高用水效率。而发生严重干旱时，可以做的就是通过限制低效益用水来保证高效益用水。在通过水资源模型准确确定流域缺水量的情况下，进行精确的水资源调度，并制定限制低效益用水的紧急用水限制方案。在传统的干旱管理中，随着供水工程和调节能力的增加，在供水调度方面积累了一定的经验，而水资源模型对干旱缺水量的准确计算为我们进行更精确、更合理的调度提供了重要的工具。而对于紧急用水限制方案的制定，需要建立新的方法。

制定对低效益用水实施紧急用水限制的方案，需要预先对流域或区域内各类用水的效益进行分析，对效益高的用水给予高的用水优先级别，对于效益低的用水给予低的用水优先级别。这样当严重的社会经济干旱发生时，可以根据干旱缺水量，对优先级低的用水给予限制，保证高优先级的用水。需要强调，这里的用水效益不仅仅指经济效益，还包括社会效益和环境效益。实施干旱时期用水量紧急限制属于干旱时期的取水许可管理，要依据我国的取水许可制度进行。同时，要在干旱管理预案中明确规定，并采取公平、公开和公正的方式进行。

4. 水资源综合规划中的干旱管理与干旱管理预案

在传统的干旱管理中，从总体来说是把干旱管理作为一种临时性的、应急性的工作，缺少针对干旱缺水问题的总体规划，缺少针对干旱风险发生时进行有效管理的策略和措施方案。近些年，虽然各地开始制定干旱管理预案，但仍缺乏一种根本性的改变。

前已叙及，可把干旱管理定义为针对干旱时期缺水问题的水资源管理。因此，干旱管理是整个水资源管理工作的一部分或一个方面。由于干旱的频繁发生，在整个水资源管理中，应该对解决干旱风险有一个总体的考量，并制定出减灾的基本策略和措施。同时，针对干旱时期的减灾行动，需要制定具体的行动策略、措施和方案，使干旱时期的水资源管理能够及时、有序、高效地进行。

对于解决干旱缺水问题的总体性、长期性策略及措施，应纳入水资源综合规划中。如，在水资源短缺且干旱频繁发生的地区或流域，如何确定灌溉农业和雨养农业的规模，如何选择和发展耐旱作物的种植，应根据当地的水资源和土地资源条件在水资源综合规划中统一考虑。再如，根据科学技术和经济的发展不断提高节水的能力和水平，也必须在水资源综合规划中加以解决。而且在制定长期的水资源规划中，必须把干旱发生的频次、深度作为水资源条件的重要特征加以考虑。

这样，在水资源综合规划对解决干旱缺水问题进行长期、总体考量和规划布局的基础上，对于干旱时期如何根据实际的干旱缺水量采取减灾策略和措施，则应在干旱管理预案（国际上也称作干旱管理规划）中加以解决。如：干旱的监测、预测、评估，对不同程度干旱应采取的具体减灾策略和措施，对所造成干旱灾害的自救与救助，政府及各部门在干旱管理中的组织协调、职责和行政程序，用水者在干旱时期应获得的信息、自我减灾努力和需遵守的规则等，都应在干旱管理预案中做出具体的规定。这样，当干旱发生时就可以根据干旱管理预案对所发生的干旱作出及时的响应，从而更大程度地减少旱灾损失。

1.2.3 传统干旱管理在行政管理体系与效能方面所需的改进

干旱管理是政府和政府相关部门公共管理的重要内容。完善干旱管理的行政组织管理体系，提高干旱管理效能是改善传统干旱管理的另一个方面。这要从政府干旱管理的组织机构、部门职责、行政程序和管理方式等几个方面来加以讨论。

在传统干旱管理中，各级政府均设有防汛抗旱指挥部来对洪水灾害和干旱灾害进行管理。防汛抗旱指挥部下设防汛抗旱办公室作为办事机构，一般设在水行政主管部门。防汛抗旱指挥部由政府及政府相关部门组成，对各部门确定了基本职责。

在干旱管理的组织机构上，近几年有一些防汛抗旱指挥部在防汛抗旱指挥部办公室进一步设有专家组、干旱风险评估组、信息发布组、干旱管理实施组、救灾组等，这样更有利于工作的有序开展，精细管理和避免工作漏洞，这是一个好的做法，应在所有的防汛抗旱指挥部推广。

在管理职责方面，目前政府各部门的干旱管理职责和干旱管理机构的职责都是笼统的，原则性的，缺少准确的、具体的确定。而在实际的干旱管理中，对于每项具体的措施和行动都应有明确的责任机构和责任人，这样才能使政府的干旱管理能够对所发生的干旱作出快速和准确的反应，发挥出更好的干旱管理效能。

干旱管理涉及很多政府部门和公共事业单位，干旱管理是一个紧密联系的工作过程，为保证各部门在干旱管理各阶段工作的衔接和协同，保证各部门和单位尽职地开展工作，建立干旱管理的行政程序是十分重要的。特别是，未来的干旱管理已不是获取水和尽可能满足供水这样单一的工作，需要根据干旱的发展情况采取多方面的管理措施，因此更需要通过干旱管理行政程序来保证工作的高效、有序开展。在传统的干旱管理中我们缺少这种行政程序的建立。

传统的干旱管理方法是建立在计划经济体制的基础上，因此更多的是采取直接干预的方式。如，当发生农业干旱时，政府会筹集资金，由县、乡政府和村委会直接组织打井、修渠来减少旱灾。这种直接干预的措施往往并不能得到很好的效果。而未来在农业干旱管理中，政府更多要做的是向农民提供更准确、及时的干旱与干旱管理信息，提供更多的技术帮助，在这些信息和技术的帮助下，由农民根据自身的情况和各类资源条件自主决定采取何种方式来进行减灾。然后，对受灾严重的家庭和个人政府采取必要的救助措施。对于工业和其他各类企业的用水也是如此。这是干旱管理方式的很大改变。

由此，在干旱管理中，及时地向社会提供更准确的干旱和干旱管理信息是十分重要的。减少旱灾损失需要全社会的努力和用水行为的自律，准确、及时的干旱和干旱管理信息，使全社会公众根据干旱的实际情况和干旱管理的要求来自主采取规避风险和减灾的行动，是政府实施干旱管理的重要职责。另外，在传统的干旱管理中，各部门更习惯于单独的采取干旱管理行动，部门之间很少有信息交流，主要的信息交流是通过上级召开的会议，这种交流方式虽然起到一定作用，但缺乏深度和广度。由于未来干旱管理措施的多样化和需要更多的部门协同行动，部门之间的信息交流将显得十分重要。

综上所述，传统的干旱管理是建立在社会、经济发展水平较低，水资源开发利用程度也较低的状况基础上，其管理方法基本上是粗放的、效能较低的。随着社会、经济的发展和水资源的高度开发和利用，干旱所造成的损失也越来越严重，人们对减少干旱损失的要求也越来越高。为此，需要对传统干旱管理方法进行重新审视和思考，运用新的管理理念、技术和方法，建立更合理的干旱管理目标，从干旱管理的策略、技术、措施、管理体系等诸方面进行不断地改进和完善，从而最大限度地减少旱灾损失。

1.3 干旱管理新方法概要

1.3.1 干旱管理的基本理念

干旱管理以尽可能地减少因干旱时期缺水所造成的社会、经济和环境损失为目标。

旱灾损失是由干旱时期缺水所造成的，在水资源、水环境可持续的条件下，寻求和开辟新的水源来尽可能地满足供水是可取的。但对于水资源开发利用程度已经很高，在正常情况下（非干旱时期），水资源已严重短缺的流域或地区，这条路已基本走到尽头。

因此，对于缺水的流域或地区，为减少干旱时期更严重缺水所造成的旱灾损失，需要通过对水需求的管理来实现更高效的用水，通过把仅有的水用得更好以减少旱灾损失。高效用水包括提高水的利用效率和效益。这里的效益，包括用水的社会、经济和环境效益。

　　对于缺水的流域或地区，其用水规模是按当地气候条件下正常的水资源状况来确定的。在干旱时期严重缺水的情况下，全部满足正常情况下的用水需求是不可能的。此时通过对低效益用水的限制来保证高效益用水是减少旱灾损失的明智选择，也是风险管理的基本做法。而对于未能满足的用水应采取其他的途径来尽可能地减少旱灾损失。

　　干旱管理，从本质上说是对干旱时期缺水问题的水资源管理。但这并不意味着针对干旱的水资源管理只在干旱时期才进行，减少旱灾损失的很多问题要在水资源管理的总体战略和措施中加以解决。如，在干旱频发的情况下，怎样配置水资源才能使其总体利用效益最大化，并使干旱时期的损失更小；节水是减少旱灾损失的重要途径，但涉及工程技术上的节水措施更多的是在长期水资源管理中来促进，不可能在干旱来临时再对企业进行节水设备和工艺的改造；即使在水资源丰沛的条件下，当干旱发生时再进行打井、挖渠来获取水也并不是好的办法，因为很难取得即时的效果。

　　实施高效的干旱管理，需要建立一套科学的技术和管理方法体系。需要在干旱监测和风险评估、干旱管理响应措施、干旱灾害评估、灾害的自救与救助、政府公共管理的效能和方式、长期水资源管理中对干旱灾害的影响评估与减灾措施等方面做出很大的改变，使整个干旱管理更科学、更高效，使减少旱灾损失成为全社会的行动，从而最大可能的减少旱灾损失。

　　准确的干旱监测与干旱风险评估，为整个干旱管理由粗放的定性管理进入定量化科学管理的轨道提供了信息基础，使整个减少旱灾损失的行动更精确和更具有明确的针对性，从而使减少旱灾损失的效能有一个质的提高。这需要更全面、更系统、更准确的干旱监测，明确反映干旱发展各阶段主要缺水问题的干旱程度等级划分，对干旱缺水量的准确分析计算，在现有知识水平基础上尽可能准确的干旱缺水风险预测。

在长期水资源优化配置和高效利用的基础上，当严重的干旱发生时，最根本的减灾措施是通过限制低效益用水来保证高效益用水，并采取措施使未满足用水的损失减小，从而实现总体损失最小化。实现这一目的，需要对各类用水进行效益分析，确定流域或区域各类用水的优先级，根据用水优先级对低效益用水进行限制。这要按照国家取水许可制度的规定制定方案和行政管理程序，以公开、透明的方式，保证用水的社会公平。

干旱管理是将旱灾损失减少到现有技术管理水平下尽可能小的程度，这也就意味着灾害损失会有发生。此时，进行灾害的救助是政府和全社会的责任，特别是对于贫困人口和弱势群体。灾害救助要在准确的灾害评估基础上，并以公开透明的方式进行。同时，要更多地鼓励灾害自救，同样需要政府和社会提供信息和能力上的帮助。公民自救能力的提高，是社会进步的重要标志。

对于各级政府及所属部门和公共事业机构而言，干旱管理属于政府的公共管理职责。实现对干旱灾害的高效管理，需要提高政府及所属相关部门、机构的整体管理效能。强调整体效能是因为实施科学的干旱管理需要各级政府及相关政府部门和机构的协同，因此，清晰的职责和有效的协调机制是十分重要的。提高政府干旱管理的整体效能，需要更合理的机构组织设置，需要更具体、更明确的责任确定和问责制度，需要更严格、周密的行政程序。

减少旱灾损失需要全社会的努力，需要各类用水者采取减灾行动和节水自律。政府的作用是通过公共管理来使全社会的减灾行动更科学、有序、高效和公平的进行。政府更多的是通过政策制定、规划、水分配、监测评估、监督执行、争端解决及灾害救助来实施干旱管理。其中，通过干旱监测与风险评估向社会提供更准确的信息并进行公共性的服务是政府的主要公共职责。除了直接控制外，在市场经济体制下，政府应更多地运用经济手段和激励机制。政府的干旱管理应在法律法规框架下，以公开、透明的方式进行。法律法规也应根据干旱管理的需要不断完善。

1.3.2 干旱时期的干旱管理

1. 干旱监测与风险评估

在干旱监测方面，要建立对降水、蒸发、地表径流、地下径流、土壤墒情、水质和各行业用水量进行全面监测的监测系统，进行长期的不间断的监测，从而对干旱的发生、发展进行准确把握。对于以融雪径流为主要水资源的流域或地区要对气温的变化进行重点监测。要根据本地的水资源特点和干旱特点确定重点监测的内容。由于目前干旱监测一般由气象、水利、环保部门和用水户分别进行，因此，监测信息的交流与共享十分重要。要建立跨部门的干旱监测信息系统，从而使对干旱的监视、预警和风险评估建立在整体信息的基础之上，避免盲人摸象的状态。

对干旱的风险评估，可包括干旱程度确定、干旱缺水量计算和干旱预测。

干旱程度的确定，是通过干旱等级划分来进行的，判断所发生干旱的干旱等级需建立干旱等级划分的指标体系。我国现行的干旱预案把干旱等级划分为轻度干旱、中度干旱、重度干旱和特大干旱，判断干旱等级的指标是按受旱面积和受旱人口确定，受旱面积越大、受旱人口越多干旱程度的等级越高。这样划分的主要问题是不能反映不同程度干旱的主要缺水形态和要解决的问题，使干旱管理失去针对性。

根据干旱发展过程对四个干旱等级赋予了基本的含义，以反映不同程度干旱发生时的主要缺水形态和需解决的问题，见表1.1干旱程度与缺水形态。

表 1.1   干旱程度与缺水形态

干旱程度	缺 水 形 态
轻度干旱	雨养农业缺水
中度干旱	灌溉农业缺水,部分偏远山区居民生活缺水
重度干旱	社会经济明显缺水、偏远山区居民生活缺水加重
特大干旱	城市生活缺水、出现十分严重的社会经济缺水

以上是干旱发展过程中,不同程度等级干旱发生时缺水形态的一般性表述。其中,重度干旱的"社会经济明显缺水"是指,当重度干旱发生时,除农业缺水之外,由于径流量减少,供水工程及地下水的可供水量已无法满足正常情况下的用水需求。由于不同的流域或地区,水资源条件和社会经济情况会有很大差别,因此,干旱等级的划分要根据本地实际情况来具体地进行。需要强调的是干旱等级划分要反映不同程度干旱的主要缺水问题,从而使干旱管理有明确的针对性。

在确定干旱等级划分指标体系建立方法时,对于水资源主要由降雨径流产生的流域或地区,一个时期降水量减少是造成干旱的根本原因,降水减少的程度和持续时间决定了干旱程度。因此,降水应作为干旱程度判断指标的主要参数,同时以土壤墒情、地下水位、河道径流、水库蓄水作为判断不同水源干旱程度指标的参数。上述指标参数的选择是指一般情况而言,对于特定流域可根据实际情况作出取舍。

在降水指标的确定方面,从 1991 年开始,国际上开始采用以某一时段降水的"标准化降水指数"作为干旱等级的划分指标,《气象干旱等级》(GB/T 20481—2006)标准已把"标准化降水指数"作为判断气象干旱的指标之一。但这种方法以单一时段进行指标计算,而实际上干旱发生前不同时段降水对流域缺水量的影响是不同的。为此,本书以标准化降水指数为基础,提出了反映不同时段降水对流域缺水影响的"综合标准化降水指数"方法。

在此基础上，可进一步确定这些指标参数到达何数值后，发生某一程度的干旱。可采取以下做法：

（1）分析流域或区域历史干旱资料，按所确定的干旱等级对历史干旱进行等级划分。

（2）计算同步期流域或区域平均降水量系列，并计算综合标准化降水指数系列。

（3）收集同步期作为主要指标参数的墒情、地下水位、河流流量（或水位）、水库蓄水数据。

（4）对历史上不同等级干旱与同期综合标准化降水指数、土壤墒情、地下水位、河流流量（或水位）、水库蓄水进行匹配，综合确定各等级干旱的各项指标。

土壤墒情是判定农业干旱的指标，一般只用于轻度干旱和中度干旱的判定。地下水位、河流流量（或水位）、水库蓄水一般用于中度以上干旱的判定。

当发生中度以上缺水时，若能够准确确定流域干旱缺水量，对于水资源的优化调配和取水量紧急限制十分重要。水资源模型的发展和进步为此提供了工具。采用丹麦 Mike Basin 模型软件，建立了大凌河流域水资源模型，实现了对干旱时期流域缺水量的准确计算。目前世界上各类水资源模型很多，各模型的适用范围有所不同，各流域可根据本地水资源的特点进行模型软件的选择。流域水资源模型建立的另一个重要用途是在水资源的优化调配和取水量紧急限制方案制定中，进行供需平衡情景的分析，从而使干旱缺水情况下仅有的水得到高效运用。

干旱发生时流域径流量的减少，使得流域水环境容量降低，进一步造成水环境的恶化。为保证水环境状况的可持续，需采取相应的干旱管理措施。为此，进行干旱缺水情况下水质的准确分析计算，对采取合理的减排措施具有重要意义。本书介绍了运用美国 Qual2K 水质模型软件建立了大凌河流域水质模型，实现对干旱缺水状况下河流水质状况的准确模拟，对干旱时期减排措施的实施提供了重要依据。与水资源模型一样，目前国内外有各种类型的水质模型软件，可根据本地的实际情况选择适用的软件。

在干旱预测方面，目前的科技水平还是有限的。但是可以根据现有的知识作出有效的努力。在我国北方的很多地区，一般情况下由于枯水期降水很小，在蒸发的作用下，基本不产生径流（包括地表径流和地下径流）。因此，当雨季之后，直至来年雨季来临之前约半年多时间的流域内水资源量是可以通过模型进行预测的，这对于社会、经济干旱时期的干旱管理十分重要。运用这一规律实现对枯水期流域缺水量进行准确预测的方法。另外，也应更多地应用国家各级气象部门和世界各国气象组织发布的预测信息来指导干旱管理。

2. 干旱管理响应措施

当经干旱风险评估判断发生某等级干旱时，应采取针对该等级干旱主要缺水问题的干旱管理响应措施。

轻度干旱发生时，主要采取针对雨养农业干旱的响应措施。发生雨养农业干旱，势必造成农作物减产。为减少由此带来的经济损失，此时干旱管理机构应向农民提供大量与应对旱灾有关的信息和技术服务，使农民根据农时种植耐旱的、经济效益较高的作物，对于已种植的处于生长期的作物采取农业抗旱措施（非水利的），从而减少旱灾损失。帮助农民通过其他短期择业来维持和改善生计。干旱损失严重时，向农民提供灾害救助。

此时干旱管理机构向农民提供的信息可包括：具体、准确的旱情信息，耐旱作物信息，各类农产品的市场供求状况和价格信息，农民向其他行业暂时性劳动力转移的劳务市场信息。还可宣传有经验农民的减灾措施和经验。在这些信息的帮助下，使农民根据自身的生产条件做出应对干旱的具体办法选择。提供的服务包括：农业技术部门向农民提供减少旱灾的农作物栽培方法，经济部门通过政策使金融机构向农民提供金融服务。

当中度干旱发生时，主要采取针对灌溉农业干旱的响应措施。此时，根据水源的总缺水量，采取缺水灌溉的方式可以取得更大的用水边际效益。这需要对水源的灌溉缺水量和各地块的墒情变化有一个准确地把握，根据不同作物不同生长期缺水对产量影响的大小来适当调整灌溉次数和灌溉水量，使灌溉作物的总体产量或总体经济效益最大。同时要根据旱情采取雨养农业的干旱管理措施。

严重干旱和特大干旱发生时，主要采取针对社会、经济干旱的响应措施。此时要根据干旱缺水量采取对低效益高污染用水的紧急限制，以保证高效益用水。同时要根据干旱缺水情况对水资源进行优化调度。实施用水紧急限制要制定用水量紧急限制方案，经指挥部批准后实施。

用水量紧急限制方案，需按各取水户用水行业的用水优先顺序进行。用水优先顺序是在干旱管理预案（或规划）中提前制定并经防汛抗旱指挥部批准后生效。主要做法是，根据用水监测数据或收集核实取水许可档案，确定流域内所有取水户的实际取水量和取水用途，依据取水用途的社会、经济、环境综合效益，对用水行业进行优先顺序排序。用水优先顺序制定应该是透明的。

制定用水优先顺序应考虑到把严重的水污染企业给予较低的优先级，从而在用水量紧急限制时首先对这类企业的用水进行限制。这不仅解决缺水问题，同时也有助于解决干旱缺水时期进一步恶化的水环境问题。同时，要核定河道内最小环境流量，并对最小环境用水给予较高的优先级。

水资源和水质模型的建立，为制定用水量紧急限制方案和水资源优化调度提供了重要工具。首先用水资源模型根据流域降水、蒸发和各行业用水等监测数据进行各用水单元的缺水量计算，根据缺水量对用水优先级低的低效益、高污染用水进行核减和进行流域水资源调度，用模型对初步拟订的方案进行供需平衡计算，最终确定用水量紧急限制方案。在这一过程中，要同时运用水质模型进行缺水状况下的水质情景模拟，确定对高污染企业的排污限制。

3. 灾害的评估、救助与自救

准确进行灾害评估是公平进行灾害救助的基础，同时也是反映不同程度干旱发生时所产生灾害损失的重要历史资料记录，对长期的干旱管理策略和措施的制定十分重要。因此要对灾害损失进行准确的评估。

全社会在干旱时期的减灾过程就是自救过程，高效的干旱管理可有效地减少旱灾损失。但干旱的损失在所难免，特别是严重的干旱发生时。此时，政府应该采取救助措施，特别是对于贫困人口和弱势群体。长期以来，我国政府在灾害救助方面进行了积极的努力并积累了经验。

4. 干旱管理中的政府公共管理体系建立

合理的干旱管理组织架构、明晰的机构职责体系和严密的行政程序是干旱管理中政府公共管理体系的重要内容。

按照现行管理体制的基本框架，干旱管理机构可包括：防汛抗旱指挥部；防汛抗旱指挥部下设防汛抗旱指挥部办公室，设在同级水利部门；防汛抗旱指挥部办公室下设四个组，包括专家组、干旱风险评估组、干旱管理及灾害救助组、信息发布组。各个机构由政府、政府部门和部分事业单位组成。各地方在干旱管理中可根据本地实际情况作出调整。

在机构职责确定方面，可按照干旱管理所需完成的行政和技术事务，首先明确各级干旱管理机构的具体职责，然后按照国家确定的各政府部门职责把干旱管理机构职责划分到干旱管理机构内各政府部门和事业单位，从而使职责明确、具体。

研究中首次设定的干旱管理的行政程序和设定方法，其目的是强化部门协调、保证干旱管理对干旱情况的快速反应和工作的有序、高效、公正进行。干旱管理行政程序包括：干旱管理基本行政程序、干旱管理规划（通常称作预案）编制、修订、审查与批准程序、干旱管理行动方案编制程序、干旱时期取水许可与排污管理程序。

干旱管理基本行政程序对发生不同等级干旱时应采取什么行政行动、由谁采取这些行动、如何采取这些行动及在什么时间内完成作了明确规定，其他程序对干旱管理中重要干旱管理行动作了进一步的程序规定。

在干旱管理的政府公共管理体系设计中，把信息交流和发布作为重要的干旱管理职责加以落实，并确定了专门的信息发布组。

5. 干旱管理规划（预案）、干旱管理行动方案与用水紧急限制方案

干旱管理预案（规划）、干旱管理行动方案与用水紧急限制方案是干旱管理中重要的公共管理文件。

干旱管理预案（规划）是针对干旱时期干旱管理的基础性文件，确定了干旱时期干旱管理的规则。干旱管理预案（规划）应包括：干旱管理的组织机构、职责和管理程序，干旱的监测与预测，干旱等级和等级指标，针对不同等级干旱所采取的干旱管理行动及触发点，取水户取水优先级确定及取水量紧急限制规则，干旱管理机构内部和对社会的信息交流与发布。本书介绍了编织干旱管理预案（规划）的原则和方法。一般情况下，在干旱管理预案（规划）制定后，每3～5年，需要根据情况变化和在干旱管理预案执行中经验教训的总结，进行一次大的修订。而且，每年应该根据年度变化情况进行小规模的局部修订。从而使干旱管理预案和整个干旱管理行动得到不断改善。

干旱管理行动方案是在发生某一程度等级的干旱时，依据干旱管理预案（规划）所确定的规则，针对本次干旱实际情况制定的具体减灾行动方案。干旱管理行动方案由指挥部办公室编制，经指挥部或指挥部办公室会议讨论批准实施。

用水紧急限制方案，是在出现严重和特大干旱时，针对流域或区域缺水情况制定的紧急限制用水的方案。用水紧急限制方案要按照干旱管理预案所确定的用水优先级和实际干旱缺水量，在优化调度的基础上制定。用水紧急限制方案由指挥部办公室编制经指挥部会议讨论批准实施。

干旱管理文件在经指挥部批准后，应立即向社会发布，使公众能及时作出响应，并使涉及公正性的问题能在公开、透明的情

况下监督实施。

1.3.3 长期水资源管理中的干旱管理

对于我国北方的大部分地区和南方的部分地区，不同程度的干旱频繁地发生。减少因干旱缺水所造成的旱灾损失，不仅要在干旱发生时采取行动，还要在整个水资源管理中采取有效措施。

对于缺水的流域或地区，干旱发生的频次、深度是反映当地水资源条件的重要特征，并对整个水资源利用产生着重要的影响。因此，要对干旱特征进行系统的分析，并作为水资源配置的约束条件。流域内不同保证率的水资源量是反映流域干旱影响的重要指标，在整个水资源规划及配置中，要充分考虑到流域高保证率情况下水资源量和低保证率情况下水资源量的差别，使流域内各类用水的保证率需求与流域水资源来水保证率相匹配，使高保证率的用水量控制在同保证率流域水资源可利用量之内，从而避免在干旱发生时造成过多的损失。

在不同保证率水资源量的控制条件之内，通过水资源和其他相关资源的协调开发和利用，使水资源所产生的社会和经济效益最大化，是在水资源规划及配置中优化用水结构的基本策略。如，在农业用水方面，对于广大缺水地区，合理利用当地土地、日照、农产品多样性的特点，种植耐旱且经济价值高的农作物，可以在很大程度上提高用水效益；同时发展第三产业和低用水的劳动密集型产业，对于缺水和劳动力过剩的区域也是一种好的办法。在水资源规划及配置中，要认真研究当地的水资源条件和其他社会、经济资源条件，进行更科学和合理的配置。

提高用水效率，是长期水资源管理中减少旱灾损失和解决长期缺水问题的重要措施，要不断推进农业、工业、第三产业和生活用水的节水。在我国农业用水始终是用水量最大的行业，要不断开发和引进节水灌溉和农作物节水栽培的技术和方法，对农民进行技术培训。工业用水的快速增加是造成水资源短缺的重要原因，要持续的开发和引进工业节水技术和工艺，实施工业生产过程的节水改造。城市化在很大程度上增加了对水的需求量，改善城市供水系统的高漏失状况和普及节水器具的使用，是城市节水的重要措施。

合理制定水价和水价结构对于用水结构的优化和促进节水都起到重要的作用，是有效的水需求管理方法。在市场经济体制下，通过水价来优化配置水资源，抑制低效益用水，促进节水，从而提高水资源利用效率和效益是解决干旱时期和正常情况下缺水问题重要措施。同时要加强取水许可管理，通过有效的取水许可管理来促进水资源的合理利用。

为解决偏远山区居民的人畜饮水问题，要制定和实施切合实际的规划，对有条件的偏远山区农村，建设高保证率的供水系统；对水源条件及其他条件都很差的地方，可采取移民的方式来改进他们的人畜饮水问题和改善他们的生计。

2

干旱及干旱灾害

2.1 干旱的发生、发展过程及类型

干旱发生的本质原因是降水量的减少。按照地球的水循环，陆地上的水来自于降水。一些地区的降水量长期稀少，造成了这些地区的永久性干旱。干旱是这些地区的气候特征，因此也被称为气候干旱。除永久性干旱之外，由于大气环流在各方面因素的影响下会产生随机波动，这种随机波动会造成某一地区在某一时期内降水量明显少于正常情况，从而使这一地区产生阶段性干旱。这种干旱在任何一种气候带都可能发生，但是其特征随区域不同而有很大的差异。

大气环流的波动，致使各地区降水量具有明显的年际变化。在很多地区，特别是干旱和半干旱的气候区，降水量的年际变化非常大。这样，在降水量少的年份，特别是连续多年降水量偏少，就会发生干旱和严重的干旱。降水量减少的越多，持续的时间越长，所造成的干旱就越严重。这种降水量的多年变化具有很大的随机性，从而也就造成干旱的随机发生。

在整个水循环的过程中，降水量并不是单独对陆地的土壤水分和径流量产生影响，蒸散发会把陆地上大量的水输送到大气中，从而使陆地上的水减少。一个时期内陆地的土壤含水量和径

流量是降水和蒸散发共同作用的结果。一般情况下，当降水减少时，由于天气少云和日照时间增长，使气温升高和天气干燥，从而使天气的蒸散发能力加大，造成土壤含水量和径流量减少。这就意味着，降水量减少和蒸发的增大往往是同时发生的，并同时作用于干旱。风速加大也会使蒸散发能力加大。流域或区域实际蒸散发量的大小，不仅与气象因素有关，而且与下垫面条件有关。不同的下垫面条件，会使蒸散发量增大或减小，而下垫面的变化不仅与自然变化有关，还与人类的社会、经济活动密切有关。

对于以融雪为主要水资源来源的流域或地区，干旱的发生取决于降雪量和气温。降雪作为降水的一种形式，其降水量的多少决定了可融雪水量的多少。同时，融雪水量的多少还与气温有关，一个时期过低的气温会使积雪得不到融化，从而使这一时期可利用的融雪水量减少。从干旱管理的角度，融雪水量减少所造成的干旱与降雨减少引发的干旱并没有更多的不同之处，因此以下章节中不作更多的讨论。

当一个流域的上游发生干旱时，会造成流向下游径流量的减少，使流域下游水资源可利用量减少，从而造成下游的干旱。同样，对于以外流域引水作为水资源利用量主要来源的流域，被引水流域的干旱缺水会造成引水流域可引水量的减少，从而使引水流域发生干旱。

由于大气环流的随机波动，致使干旱随机发生，而且每次干旱所造成的缺水程度和影响也有所不同。任何流域或地区，每次干旱的发生都是一个由轻到重的持续发展过程，干旱影响因素的变化决定了干旱的持续时间和严重程度。根据缺水形态、程度和产生的影响我们可把干旱划分为气象干旱、农业干旱、水文干旱和社会经济干旱四种类型。同时，这也是干旱由轻到重的不同发展阶段。图 2.1 是对干旱发展过程和不同类型干旱的关系描述（引自：《干旱风险减小框架和策略——国际减灾策略》2007 年 5 月，本书略有修改）。

1. 气象干旱

气象干旱定义为，某一时段内降水量少于历年同期的平均值某一百分数量级。干旱的发生和发展首先从气象干旱开始，一段时间内，某一流域或地区降水量比正常情况的减少和蒸发量的加大会导致水分输出大于输入，气象干旱发生。一般情况下，气象干旱发生时，不仅降水量偏少，而且会伴随着少云、日照时间增长、气温升高和空气干燥。气象干旱的发生会造成降水对土壤含水量和地表、地下径流补给量的减少。

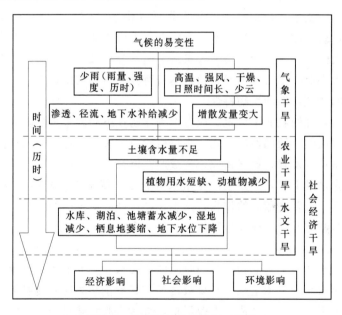

图 2.1　四种干旱类型及相互关系

2. 农业干旱

农业干旱定义为，在农作物生长期，土壤含水量减少到无法维持农作物的正常生长。当气象干旱持续发展，随着降水量的持续偏少和蒸发量的加大，首先会使土壤含水量持续减少。当土壤含水量减少到一定程度后，就无法满足农作物和其他植物生长的需要，从而导致农业干旱的发生。这里的农业干旱，是指雨养农业的干旱，因为对于灌溉农业的干旱来讲，主要取决于是否有充分的灌溉用水。

降水（包括降水量和降水强度）与蒸发在很大程度上控制了土壤中的含水量，同时渗透率大小、前期土壤含水量条件、坡度、土壤类型等都是影响土壤含水量的下垫面因素。这些下垫面因素通过对降水（土壤水分的输入）和蒸发、下渗（土壤水分的输出）的影响来对土壤含水量产生影响。如，某些土壤的持水能力强，会使得它们不那么容易受到干旱的影响。在土壤含水量的影响因素中，植被是一个与人类活动影响密切相关的下垫面因素，植物散发对土壤含水量产生着很大的影响。大量种植散发能力大的树木、作物，会使大量的土壤水分被散发掉。植物散发量的大小取决于天气情况、植物本身特性、植物的生长期，以及土壤的物理特性和生物特性。

合理的农业干旱定义应考虑到作物在不同的生长阶段（从萌发到成熟）敏感性的变化。在种植阶段，表层土水分亏缺可能会阻碍幼苗发育，最终造成作物减产。但在这一阶段，即使土壤底层含水量不足，只要表层土壤水分充足，就不会影响作物成长。这样，只要在随后的作物持续生长中，使底层土壤的含水量得到及时补充并满足作物生长需求，就不会影响作物产量。

3. 水文干旱

水文干旱定义为，某一时间内地表水和地下水的径流量少于历年同期的平均值某一百分数量级。气象干旱的持续发展不仅会使土壤含水量减少造成农业干旱，进一步的发展还会因对地表径流和地下径流补给量的持续减少，而使地表径流和地下径流量明显少于正常来水情况，从而形成水文干旱。当水文干旱发生时，由于河流径流量和地下径流量少于正常情况，造成水库和湖泊来水的减少、湿地萎缩、地下水位的下降，严重的水文干旱会使河流断流、水库和湖泊干涸。

降水异常偏少和蒸发量加大与所导致的水文系统地表、地下径流减少，在时间上有一个滞时。一般情况下，由于降水和蒸发对土壤含水量的影响会在短时间内显现出来，而对地表和地下径流量的影响会在较长的时间内显现出来，这种滞时的不同会使农业干旱先于水文干旱发生。由于地下径流的补给与排泄是一个更加缓慢的过程，因此，地下水的变化滞时更长，而且地下水量的减少程度与更长时间的降水和蒸发情况有关。尽管所有的干旱都源自于降水不足，但关注和研究干旱缺水的水文变化过程，对于了解干旱从而采取更科学的方法来减少旱灾损失具有重要意义。

并不是只有降水和蒸散发决定着河流、湖泊、水库、湿地、地下水含水层的地表水和地下水实际状况，因为水文系统中这些蓄水单元要满足各种用水需求，如：灌溉、畜牧业、第二产业、第三产业、居民生活的河道外供水，水力发电、防洪、运输、娱乐、观光旅游、保护濒危物种以及生态环境系统的用水需求，而这些用水彼此间又存在相互竞争，水文系统中的地表水和地下水是这些因素共同影响的结果，这就使得影响的量和时间顺序更加复杂化了。随着干旱期缺水的加重，不同行业水资源利用的竞争会逐步加剧，用水者之间的冲突更加明显。

尽管天气是造成水文干旱的主要因素，但下垫面因素也在起着非常重要的作用，下垫面因素在很大程度上影响着蒸散发对降水的消耗和流域水文系统的径流特征，而下垫面的变化与人类的社会、经济活动有着密切的关系。如，土地利用的变化、土地退化、修建大坝等都会影响到流域的水文特征。如孟加拉国由于在该国和周边国家土地利用产生变化，近年来水资源短缺现象日益明显，在我国这样的情况也非常多。即使在所观测到的影响干旱的气象因素出现频次和程度没有发生变化的情况下，人类活动对下垫面改变所引起的水资源短缺也会产生。

水文干旱的频率和严重程度是按照流域尺度定义的，干旱的影响范围可能会远远超过降水偏少的区域。上游干旱会造成对下游径流的减少，同时，上游土地利用可能会改变下渗速度和径流速度等水文特征，从而导致下游流量大幅度变化，上游水资源利用量加大也会减少下游的可利用量，使发生水文干旱频率更高。在跨流域引水情况下，被引水流域的干旱还会影响到引水流域。

4. 社会经济干旱

社会经济干旱定义为，由于天气原因造成供水不足，并影响到社会、经济和环境对水资源的正常需求。这里的正常需求是指人们按正常水资源来水量和时空分布所建立起来的用水需求。由于干旱造成的水资源来水量减少，会使人们按正常水资源情况建立起来的用水需求得不到全部满足。社会经济干旱与其他干旱类型明显不同，因为它是按正常用水需求是否得到满足来定义的。按照这个定义，农业干旱和水文干旱均会造成社会经济干旱。随着干旱缺水程度的加重，干旱缺水对社会、经济和环境影响越大，造成的损失也越大。

由于社会经济干旱是按用水需求是否得到满足来定义的，因此，社会经济干旱是否发生不仅与干旱的缺水情况有关，而且与水需求量和时空分布有着直接的关系。同样的土壤含水量，对于有些农作物的正常生长是可以满足的，但对于另一些农作物却不能满足；同样的水文干旱，当用水需求量低于这一水文干旱时期的水资源可利用量时，并没有造成社会经济干旱。反之，则社会经济干旱发生。

大多数情况下，对水的需求会随着人口增加和经济规模的扩大而增加。同时，技术的改进、生产效率的提高会在经济规模增加的情况下降低对水需求的增加，在水资源承载能力的范围内供水工程的修建可以增加供水能力。但是，当水需求超过一定限度时，社会经济干旱的程度和发生频率就会明显增加。

5. 各类干旱之间的关系

不同类型的干旱首先是干旱由轻到重发展过程的不同阶段，从降水不足开始引起土壤水分缺乏到导致威胁到农作物需要数周时间；持续一月或数月的一次干旱将会引起径流量减少、水库和湖泊水位下降、并且使地下水水位降低。图2.1反映了这个过程和阶段的一般情况。各流域或流域的不同区域由于其下垫面情况不同，对干旱的反应速度也不同。

并不是每次干旱都会经历气象、农业、水文和社会经济干旱的全过程，这取决于降水比正常情况减少所持续的时间。短时间的降水偏少只会引起气象干旱，更长时间的降水偏少才会相继引起农业、水文和社会经济干旱。因此，对于每次程度不等的大、小干旱，可以根据其发展的最后程度确定其干旱的类型。轻度干旱的发生频率要高于重度干旱，因此，农业干旱、水文干旱和社会经济干旱的发生频率要低于气象干旱，水文干旱的发生频率要低于农业干旱。

干旱类型不仅和降水不足有着直接联系，而且与用水方式和需求量的管理密切相关，对水资源供应和需求的管理即可以制约也可以促进干旱由轻到重的发展过程。如，采用合理的耕作方式，种植更耐旱的作物品种，可以通过保持土壤水分，减少农作物蒸腾和对土壤水的需求来显著降低由气象干旱到农业干旱的发展。因此，干旱的影响是灾害内在属性和人们管理风险能力的共同产物。

2.2 干旱灾害

2.2.1 干旱是世界性的严重自然灾害

干旱是世界性的问题，在全球的陆地上每年都有各种程度的干旱发生，干旱的频繁发生对人们日常生活和社会经济发展影响越来越严重。与其他自然灾害相比，干旱所造成的危害具有影响地域广、持续性强的特点。例如与洪水灾害相比，人们常说，"水灾一条线，旱灾一大片"。就是说，洪水灾害只对河流沿岸造成破坏，而旱灾可使整个流域农业大幅减产，工业因缺水而停止生产，人们生活用水出现严重困难。洪水可以在短时间内退去，但对于降水季节性明显的区域主要降水季节干旱所造成的严重缺水影响会持续到下一个降水季节的到来，并对其后的水资源状况产生持续影响。由于水资源对于维持生命、发展和环境是必不可少的，干旱所造成的水资源短缺，对人类的生活以及社会、经济和环境所造成的破坏非常巨大。

同时，干旱与人类活动所产生的影响密不可分。人口大量增加直接造成社会、经济对水资源需求的加大。不节水的用水行为，导致有限水资源的浪费。大量的水体污染，使可利用水资源大量减少；人类活动对气候和卜垫面条件的改变，使干旱和干旱的影响加剧。

世界上有许多国家和地区遭受干旱威胁。澳大利亚 2002 年爆发了严重干旱，大部分地区面临干旱打击，尤其是东部地区。由于干旱，引起了森林大火，在悉尼地区火灾情况非常严重，给当地生产和居民生活带来巨大损失。

在埃塞俄比亚严重干旱已对当地数百万人获取粮食、饮用水构成严重威胁，每天有超过 15 人死亡。非洲一些国家遭受连续不断的干旱威胁，过去十年，干旱灾害不断发生，粮食和饮用水非常短缺。由于干旱，1984 年当地曾有 100 万人死亡，2003 年干旱引起的粮食危机，死亡人数超过 1984 年。

在美国，干旱所造成的社会、经济和环境影响巨大。1996年的干旱使作物和牲畜生产遭受严重损失、森林火灾增多。地表和地下水的减少对公共供水、农业和以水为基础的旅游和娱乐业都造成了影响。相应地使得能源的需求也显著增长。干旱造成的损失在得克萨斯、堪萨斯、俄克拉荷马、新墨西哥、亚利桑那、犹他、内华达和科罗拉多都很严重。1998 年的干旱，给得克萨斯等 5 个州和其他南部各州造成巨大的农业损失。得克萨斯和俄克拉荷马的损失分别为 50 亿美元和 20 亿美元。据估算 1999 年的干旱造成的经济影响高达数十亿美元，造成的社会和环境损失很大，所造成损失目前还很难作出精确评估。估计在美国每年由干旱引发的经济损失为 60 亿美元到 80 亿美元，主要影响农业、运输、娱乐、旅游、林业和能源行业用水短缺。

2005～2006 年冬季，欧洲爆发了严重干旱。由于缺水，英国强制采取了用水限制措施，波及人口 370 万。欧洲其他国家，如，法国、丹麦、荷兰、葡萄牙、西班牙也出现了干旱，农作物生产和畜牧业损失惨重，由于干旱还引发了森林大火。

2.2.2 干旱灾害对我国社会、经济与环境的影响

我国是受干旱灾害影响严重的国家，而且随着社会经济发展对水资源需求量的增加，干旱灾害的影响有逐步加重的趋势。我国受海陆分布、地形状况和气候条件的影响，降水量在地区分布上的总体趋势是由东南沿海向西北内陆递减，在气候特征上由东南沿海的湿润气候带过渡到西北内陆的干旱和半干旱气候带。干旱在我国具有多发性、持续性、分布面积广、灾害损失严重的特点。我国大陆性季风气候，具有许多优越性。但是逐年之间季风的不稳定性，却造成了我国大范围干旱的频繁发生。据不完全统计，从公元前 206 年到 20 世纪中叶，我国发生较大的旱灾 1056 次，平均每两年就发生一次大旱。

根据《中国历史干旱》一书对 1950～1966 年和 1978～1994 年农业灾害的统计，全国平均每年农业受灾面积 3657.6 万 hm²，其中干旱受灾面积 2051.1hm²，占农业总受灾面积的 56.1%；洪水受灾面积为 979.7hm²，占受灾面积的 26.8%；风、雹、霜冻等灾害的受灾面积 626.8 万 hm²，占受灾面积的 17.1%。全国平均每年农业成灾面积 1733.7 万 hm²，其中干旱成灾面积 922.0hm²，占农业总成灾面积的 53.2%；洪水成灾面积为 555.8hm²，占成灾面积的 32.0%；风、雹、霜冻等灾害的成灾面积 255.9 万 hm²，占成灾面积的 14.8%。可见旱灾占农业灾害的 50% 以上，是最严重的农业灾害。干旱始终是我国农业生产中最严重的自然灾害。

1949～2000 年全国农业干旱灾害基本数据见表 2.1。表 2.2 是对同一时期不同年代干旱受旱率、成灾率和粮食减产率的统计，数据取自《中国历史干旱》。其中干旱的受旱率、成灾率是指受旱面积和成灾面积分别占总播种面积的比率，粮食减产率是指旱灾造成的粮食减产量占实际粮食总产量与旱灾造成的粮食减产量之和的比率。

表 2.1　　1949~2000 年全国农业干旱灾害基本数据表

年份	总人口（万人）	总播种面积（万 hm²）	粮食播种面积（万 hm²）	受旱面积（万 hm²）	成灾面积（万 hm²）	粮食总产量（万 t）	粮食减产量（万 t）	粮食减产率（%）
1949	54167	12812	10996	263.9	132.7	11320	128.5	1.1
1950	55196	13135	11441	239.8	58.9	13215	190	1.4
1951	56300	13570	11777	782.9	229.9	14370	368.8	2.5
1952	57482	14126	12398	423.6	256.5	16390	202.1	1.2
1953	58796	14404	12664	861.6	134.1	16685	544.7	3.2
1954	60266	14793	12899	298.8	56	16950	234.4	1.4
1955	61465	15108	12984	1343.3	402.4	18395	307.5	1.6
1956	62828	15917	13624	312.7	205.1	19275	286	1.5
1957	64653	15724	13363	1720.5	740	19505	622.2	3.1
1958	65994	15199	12761	2236.1	503.1	20000	512.8	2.5
1959	67207	14240	11602	3380.7	1117.3	17000	1080.5	6.0
1960	66207	15058	12243	3812.5	1617.7	14350	1127.9	7.3
1961	65859	14321	12144	3784.7	1865.4	14750	1322.9	8.2
1962	67295	14023	12162	2080.8	869.1	16000	894.3	5.3
1963	69172	14022	12074	1686.5	902.1	17000	966.7	5.4
1964	70499	14353	12210	421.9	142.3	18750	437.8	2.3
1965	72538	14329	11963	1363.1	810.7	19455	646.5	3.2
1966	74542	14683	12099	2001.5	810.6	21400	1121.5	5.0
1967	76368	14492	11923	676.4	306.5	21780	318.3	1.4
1968	78534	13983	11616	1329.4	792.9	20905	939.2	4.3
1969	80671	14094	11760	762.4	344.2	21095	472.5	2.2
1970	82992	14349	11927	572.3	193.1	23995	415	1.7
1971	85229	14568	12085	2504.9	531.9	25015	581.2	2.3
1972	87177	14792	12121	3069.9	1360.5	24050	1367.3	5.4
1973	89211	14855	12116	2720.2	392.8	26495	608.4	2.2
1974	90859	14864	12098	2555.3	229.6	27525	432.3	1.6

36

年份	总人口 （万人）	总播种 面积 （万 hm²）	粮食播 种面积 （万 hm²）	受旱 面积 （万 hm²）	成灾 面积 （万 hm²）	粮食 总产量 （万 t）	粮食 减产量 （万 t）	粮食 减产率 （%）
1975	92420	14955	12106	2483.2	531.8	28450	423.3	1.5
1976	93717	14972	12074	2749.2	784.9	28630	857.5	2.9
1977	94974	14933	12040	2985.2	700.5	28275	1173.4	4.0
1978	96259	15010	12059	4016.9	1796.9	30475	2004.6	6.2
1979	97542	14848	11926	2464.6	931.6	33210	1385.9	4.0
1980	98705	14638	11723	2611.1	1248.5	32055	1453.9	4.3
1981	100072	14516	11496	2569.3	1213.4	32500	1854.5	5.4
1982	101541	14475	11346	2069.7	997.2	35450	1984.5	5.3
1983	102495	14299	11406	1608.9	758.6	38730	1027.1	2.6
1984	103475	14422	11288	1581.9	701.5	40730	1066.1	2.6
1985	104532	14363	10885	2298.9	1006.3	37910	1240.4	3.2
1986	105721	14420	11093	3104.2	1476.5	39150	2543.4	6.1
1987	108073	14496	11127	2492	1303.3	40475	2095.5	4.9
1988	108654	14487	11012	3290.4	1530.3	39408	3116.9	7.4
1989	110356	14655	11220	2935.8	1526.2	41442	2836.2	6.4
1990	112954	14836	11347	1817.5	780.5	45184	1281.7	2.8
1991	114191	14959	11231	2491	1055.9	43529	1180	2.6
1992	117171	14901	11056	3298	1704.9	44266	2090	4.5
1993	118517	14774	11051	2109.8	865.9	45649	1118	2.4
1994	119850	14824	10954	3028.2	1704.9	44510	2336	5.0
1995	121121	14988	11006	2345.5	1037.4	46662	2300	4.7
1996	122389	15238	11255	2015.1	624.7	50454	980	1.9
1997	123626	15397	11291	3351.4	2001.0	49417	4760	8.8
1998	124810	15571	11379	1733.3	262.6	51230	810	1.6
1999	125909	15637	11316	3015.3	1661.4	50839	3330	6.2
2000	126583	15630	10846	4054.1	2678.4	46218	5996	11.5

表 2.2 全国不同时期干旱灾害平均指标表

年份	总人口 （万人）	粮食播种 面积 （万 hm²）	粮食产量 （万 t）	受旱率 （%）	成灾率 （%）	粮食减 产率 （%）
1949～1960	60880	14507	16455	10.7	3.7	2.8
1961～1970	73847	14265	19513	12.2	5.9	3.7
1971～1980	92609	14844	28418	23.4	7.1	3.5
1981～1990	105787	14497	39098	21.2	10.1	4.6
1991～2000	121417	15192	47277	24.6	12.2	5.0

从表 2.2 中可看出各时期的灾害情况比较，可以看到干旱造成的农业灾害有逐年加重的趋势。另外，从我国各流域的情况看，旱灾发生频率普遍存在越来越频繁的趋势。例如，海河流域20 世纪 50 年代和 60 年代各发生大旱 1 次，70 年代为 2 次，80年代为 3 次；进入 90 年代，海河流域从 1997 年开始连续 4 年干旱，2000 年进入天津市内的 19 条主要河道的上游来水几乎为零。淮河流域 50 年代发生大旱 1 次，60 年代和 70 年代各 2 次，80 年代为 6 次；90 年代则为 4 次。黄河流域的大旱 50 年代和60 年代各发生 1 次，70 年代为 4 次，80 年代为 6 次。90 年代 5次。从全国范围来看，近 10 年的干旱最为严重，其原因除了气候波动因素外，人口增加和经济发展对水资源需求量的加大起了十分重要的作用。

人畜饮水困难是干旱缺水对农村（包括牧区）居民生计造成很大影响的另一个方面。根据《中国抗旱战略研究》的分析，全国平均每年因干旱造成的农村饮水困难人口在 2000 万～7000 万人之间。

另外，干旱缺水是我国牧区发展的主要制约条件。我国牧区主要分布在北部、西部和西南部 12 个省（自治区），总面积4116 亿 hm²。长期以来，草场主要是依靠天然降水提供牧草的需水，除青海南部和西藏昌都等少部分地区年降水量超过400mm 外，其他牧区降水量均少于 400mm，新疆东部最少，平均年降水量小于 10mm。这样，牧区降水略有波动就会造成较大危害，干旱灾害已成为畜牧生产不稳定的重要因素。

干旱灾害对我国农业以外社会经济的影响也在逐步地加深。根据《中国抗旱战略研究》对 1954～1992 年我国城市受干旱缺水影响的统计分析，在我国的 269 个地级及以上的城市中，1954～1970 年，有 8 个城市共计发生了 16 次干旱缺水；1971～1980 年，有 16 个城市共计发生 32 次干旱缺水；1981～1992 年，有 45 个城市共计发生 135 次干旱缺水，见表 2.3。可见，干旱灾害对城市的影响在快速的增大。按 1997 年的统计，我国 660 多个城市中，缺水城市有近 400 个，其中严重缺水城市就有 114 个，

表 2.3　1954～1992 年我国城市发生严重干旱缺水事件情况表 *

年　份	发生干旱城市数量、累积次数	发生干旱城市名称和干旱次数
1954～1970	8 个城市、16 次	邯郸（7）、保定（3）、沧州（1）、唐山（1）、秦皇岛（1）、铜川（1）、郑州（1）、青岛（1）
1971～1980	16 个城市、32 次	北京（2）、邯郸（4）、邢台（3）、石家庄（2）、唐山（2）、秦皇岛（1）、保定（2）、青岛（1）、天津（1）、金昌（2）、铜川（5）、郑州（3）、宝鸡（1）、长春（1）、遵义（1）、个旧（1）
1981～1992	45 个城市、135 次	北京（2）、天津（3）、石家庄（4）、唐山（4）、邯郸（4）、邢台（9）、秦皇岛（3）、承德（2）、保定（2）、青岛（5）、烟台（5）、济南（3）、泰安（3）、威海（2）、滨州（1）、东营（1）、太原（4）、大同（1）、沈阳（1）、大连（3）、鞍山（2）、抚顺（3）、本溪（3）、锦州（3）、营口（3）、阜新（3）、辽阳（3）、盘锦（3）、铁岭（3）、朝阳（3）、锦西（2）、四平（2）、长春（1）、通化（1）、延吉（1）、宝鸡（10）、铜川（7）、咸阳（3）、西安（2）、塔城（2）、许昌（1）、徐州（1）、连云港（1）、遵义（3）、个旧（1）

*　引自《中国水旱灾害》，中国水利水电出版社，1997。

注　1. 1980 年以前天津、大连等城市也发生过缺水事件。

　　2. 括号内为城市发生严重干旱缺水的次数。

年缺水量超过 60 亿 m³,分布遍及全国,多数在华北、东北和沿海一带,严重影响了市民生活和经济发展。32 个百万人口以上的城市中,有 30 个城市长期受缺水的困扰。城市的干旱缺水造成了城市居民生活用水的困难,很多干旱缺水城市,在干旱缺水时不能保证 24 小时供水,城市边缘区域甚至供不上水,居民需要另外花钱买水或到很远的地方去取水,严重影响了他们的生计。我国目前正处于城市化的发展过程,在城市干旱缺水已经越来越严重的情况下,如何解决城市化中城市干旱缺水问题,确实是一个非常大的问题。

由于干旱缺水,使很多工业企业的正常生产受到影响,被迫停产或半停产,造成直接的经济损失。从 1965～2006 年的 41 年中,我国工业因受干旱影响而导致经济损失的共有 18 年,直接经济总损失约 800 多亿美元。需要注意的是过去 41 年中,实际上是执行压缩农业用水以保证城市和工业供水的政策,城市缺水程度比农业相对要轻得多,只有在相当严重干旱缺水情况下,城市和工业供水才会受到影响。但近年来可供调剂的农业用水已剩不多,加之工业经济规模的迅速扩大,所以现在工业因干旱缺水而造成的经济损失要更加严重,每年已达到大约 240 亿美元。另外,干旱缺水造成的很多经济损失是隐性的,由于长期受干旱缺水的影响,很多城市无法建立新的工业企业。

虽然目前还缺乏这方面的统计数据,但干旱对于我国的生态及环境造成的危害是非常大的。每当严重的干旱发生时,都会有大量的中小河流断流,黄河、辽河、淮河干流都会出现断流的现象。从 1972～1997 年的 26 年间,黄河下游共有 20 年发生过断流,并且断流时间越来越长,1992 年黄河下游断流时间 82 天,1995 年断流时间 122 天,1997 年断流时间达 169 天。很多河流中流淌的全部是工业废水和生活污水,使河流的生态系统遭到严重破坏。我国北方的大部分地区以地下水为主要水源,干旱造成的地下水补给量减少和过量地开采地下水,使很多地区地下水位持续下降。特别是北方的许多城市由于水资源短缺,不得不强行超采地下水，地下水的入不敷出，导致地下水位逐年下降，形成大面积的下降漏斗和局部的地面沉降。上海、天津、西安和北京等城市的下降漏斗不断扩大。地面沉降使公共基础设施遭到破坏，水、电、气等管线变形，城市受到严重威胁。天津市地面最大沉降已接近 3m，其中塘沽地区部分地面已在海平面以下，需依靠海堤保护。干旱还使大量的湿地处于干枯状态，长期以来全国的湿地面积快速的萎缩。干旱造成很多沿海地区的海水入侵，在干旱造成的地下水补给减少和地下水过量开采的双重作用下海水入侵越来越严重。在干旱缺水和过度放牧的双重作用下，使草场退化。沙漠化问题已成为一个严重的环境问题。

2.2.3 干旱灾害对辽宁省社会、经济与环境的影响

辽宁省是干旱频繁发生和干旱影响比较严重的省份。这从辽宁省降水和水资源的年际变化可以明显地反映出来。表 2.4 反映了《辽宁省水资源》对全省水资源的评价结果。从中可以看出，在 75% 保证率情况下，年降水量比多年平均值减少 11.9%，年径流比多年平均值减少 32.1%，年水资源总量比多年平均值减少 29.0%。在 95% 保证率情况下，年降水量比多年平均值减少 26.3%，年径流比多年平均值减少 59.8%，年水资源总量比多年平均值减少 55.6%。降水及整个水资源的年际变化大，造成了干旱的频繁发生。

表 2.4 　　　　　　　　辽宁省水资源特征值表

项　　　　目	平均值	不同保证率的特征值			
		20%	50%	75%	95%
降水量（mm）	678.1	772.7	671.7	597.4	500.1
地表径流量（亿 m³）	302.5	405.0	283.1	205.4	121.6
水资源总量（亿 m³）	341.8	448.4	323.7	242.7	151.8

根据《辽宁水旱灾害》对干旱造成的农业经济损失估算，1949～1990 年，辽宁省因旱灾造成的粮食减产约 200 亿 kg，种植业总经济损失 74.7 亿元，见表 2.5。同时，干旱灾害对工业

生产也造成了严重的影响，1982 年的干旱造成辽河化肥厂等企业停产，1989 年的干旱造成大连钢厂、锦西水泥厂等企业停产，干旱使水电发电量减少，并进一步引起因缺水造成的工业企业经济损失。根据对 1958～1990 年干旱造成的工业损失统计，直接工业经济损失达 218.5 亿元。

表 2.5　　　辽宁省 1949～1990 年种植业旱灾损失表

年份	粮食减产量 （亿 kg）	粮食作物减产值 （亿元）	经济作物减产值 （亿元）	种植业总减产值 （亿元）
1949	0.03	0.0029	0.0015	0.0044
1950	0.04	0.0039	0.0020	0.0059
1951	0.57	0.0590	0.0280	0.0870
1952	3.37	0.3303	0.1700	0.5003
1953	0.20	0.0196	0.0098	0.0294
1954	0.10	0.0098	0.0049	0.0147
1955	0.51	0.0500	0.0250	0.0750
1956	0.14	0.0137	0.0069	0.0206
1957	6.19	0.6066	0.3033	0.9099
1958	1.91	0.1910	0.0955	0.2865
1959	0.97	0.1028	0.0514	0.1542
1960	0.73	0.0774	0.0387	0.1161
1961	3.58	0.4726	0.2363	0.7089
1962	0.61	0.0805	0.0403	0.1208
1963	1.57	0.2072	0.1036	0.3108
1964	0.53	0.0700	0.0350	0.1050
1965	1.23	0.1624	0.0812	0.2436
1966	0.73	0.0964	0.0482	0.1446
1967	0.26	0.0343	0.0172	0.0515
1968	4.50	0.7470	0.3735	1.1205
1969	0.21	0.0349	0.0174	0.0523

年份	粮食减产量 （亿 kg）	粮食作物减产值 （亿元）	经济作物减产值 （亿元）	种植业总减产值 （亿元）
1970	0.28	0.0465	0.0233	0.0698
1971	3.04	0.5046	0.2523	0.7569
1972	14.08	2.3373	1.1686	3.5059
1973	1.27	0.2108	0.1054	0.3162
1974	0.08	0.0133	0.0066	0.0199
1975	0.51	0.0847	0.0423	0.1270
1976	0.20	0.0332	0.0166	0.0498
1977	0.05	0.0083	0.0042	0.0125
1978	3.55	0.5893	0.2947	0.8840
1979	3.75	0.6225	0.3113	0.9338
1980	7.53	1.5361	0.7681	2.3042
1981	9.24	1.8850	0.9425	2.8275
1982	16.70	3.4068	1.7034	5.1102
1983	5.01	1.0220	0.5110	1.5330
1984	8.68	1.7707	0.8854	2.6561
1985	0.07	0.0143	0.0071	0.0214
1986	2.00	0.4080	0.2040	0.6120
1987	21.01	5.0004	2.5002	7.5042
1988	23.34	5.5549	2.7775	8.3324
1989	48.22	18.7094	9.3547	28.0641
1990	6.39	2.6838	1.3419	4.0257
合计				74.7286

2000 年辽宁省发生特大旱灾，根据《辽宁省 2000 年特大旱灾》记载，这次干旱中，全省水利工程蓄水量减少 64%，520 座水库干涸。全省地下水位平均下降 2～3m，严重的下降 7～8m，3.7 万眼机电井出水不足。全省农作物受旱面积 4179.3 万亩，

占当年播种面积的 76.8%；绝收面积 1791.2 万亩，占当年播种面积的 32.9%；粮食减产 610 万 t，比正常年景减产 34.9%。果树受灾 743.9 万亩，成灾 587.4 万亩，死亡 90.6 万亩。212.3 万人和 77.9 万头大牲畜饮水困难。干旱造成城市供水紧张，全省有沈阳、大连等 6 个市、9 个县级市、16 个县城出现供水紧张，影响供水人口 195 万人，占总供水人口的 18%。营口市日供水由 3 次减为 2 次，每次供水仅 2 小时；葫芦岛市的连山区、兴城市、龙港区采取定时供水；盘锦市日供水量由 11 万 t 下降到 8 万 t；建平县叶柏寿镇供水能力由 2 万 t 下降到 0.6 万 t；阜新市太平、新丘、清河门区实施定时供水，锦州金城造纸集团因缺水面临停产。此次干旱造成的总经济损失 110.86 亿元。

旱灾造成 348 万人在 2000 年 9 月缺少口粮，2000 年冬和 2001 年春 600 万人缺少口粮，150 户越冬烧柴困难，160 万头役畜饲料严重短缺。朝阳市有 125.7 万人需要救济。因饲料短缺，饲料价格上涨，少数地方农民无力饲养大牲畜，只好低价卖掉役畜，仅朝阳就卖掉 1 万多头，过去一头价值 1000 元左右的牛、马、驴等牲畜，灾后仅能卖 300～500 元。全省、县、区财政收入大幅减少，一些县乡干部、教师工资发放困难。

此次干旱同时造成了水生态和水环境的破坏。全省径流量明显偏少，小河干涸，大河出现持续性或间歇性断流。5～9月，大凌河、绕阳河径流比多年均值减少 90% 以上，辽河减少 80% 以上，浑河、小凌河减少 70% 以上。辽河干流福德店站持续断流 66 天，绕阳河干流王回窝普堡站持续断流 84 天，小凌河干流锦州站持续断流 36 天，柳河、熊岳河、兴城河等小河和大河的支流大量出现断流。径流量的减少使辽河、浑河、太子河、大辽河、大凌河等河流污染加剧。地下水超采严重，全省 16 个地下水超采区，总面积 1500 km^2，超采总量 3.75 亿 m^3。海水入侵面积扩大，大连、营口、锦州和葫芦岛等沿海地区，海水入侵面积由 20 世纪 80 年代初的 50 km^2 发展到目前的 790.5 km^2。

2.3　案例区的干旱特征及对社会、经济与环境影响

2.3.1　干旱特征

干旱管理研究是以朝阳市大凌河流域为案例区。从整个辽宁省干旱情况看，朝阳市和与其相邻的阜新市是全省干旱最严重的地区，干旱频繁发生，干旱灾害严重。因此，选择朝阳市大凌河流域作为案例区。朝阳市位于辽宁省西部，地理为东经118°50′～121°20′、北纬40°35′～42°20′，地处燕山山脉向辽沈平原过渡和河北、内蒙古、辽宁三省（自治区）交界地带，东连辽宁中部城市群，南临渤海之滨，西接北京、天津、唐山地区，北依内蒙古自治区，是科尔沁沙地南缘。朝阳属北温带大陆性季风气候区，其气候特点是温差大，日照长，积温高，降水少，四季分明，无霜期150天左右。

朝阳市行政区总土地面积19952km²，耕地面积680万亩。行政区内有四个流域，包括大凌河、小凌河、老哈河和青龙河（滦河上游）。其中，大凌河流域在朝阳市行政区内面积最大，占朝阳市总面积的65.1%。各流域在朝阳市的面积分布见表2.6，图2.2反映了各流域在朝阳行政区的分布。

表2.6　　　　　　　　　朝阳市各流域面积表

流域	在朝阳市的面积（km²）	面积比重（%）
大凌河	12989	65.1
小凌河	1991	10.0
老哈河	3494	17.5
青龙河	1478	7.4
全市总面积	19952	100

朝阳市大凌河流域的干旱特征可以从流域的水循环状况明显地反映出来。案例研究选取流域内33个雨量站1970～2005年降雨观测资料，用算术平均法，计算朝阳市大凌河流域逐月降雨量，结果见表2.7。

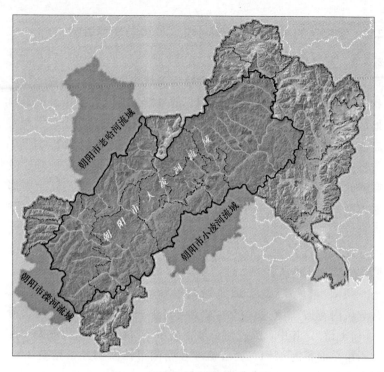

图 2.2　朝阳市大凌河流域示意图

表 2.7　　朝阳市大凌河流域逐月平均降水量表　　　　单位：mm

年份	1 月	2 月	3 月	4 月	5 月	6 月	7 月	8 月	9 月	10 月	11 月	12 月	全年
1970	0.1	5.2	1.5	16.8	47.5	35.8	179.2	108.8	59.5	43.2	0.1	1.9	499.6
1971	2.2	9.1	9.0	8.4	41.8	125.1	123.7	14.8	19.2	20.3	12.0	1.1	386.6
1972	7.1	1.3	2.6	8.5	16.6	39.7	126.1	109.1	40.0	47.1	9.2	0	407.2
1973	5.4	4.9	3.3	6.9	24.5	62.6	182.7	117.2	39.4	25.0	14.6	0	486.5
1974	0	0.1	3.3	35.0	48.0	49.3	142.9	163.2	78.7	18.7	0.1	0.1	539.5
1975	0.5	0.9	0.9	7.9	31.3	104.2	187.2	58.6	31.7	0.5	3.8	0.1	427.7
1976	0	1.3	4.7	20.2	54.3	119.3	127.3	91.6	50.5	35.5	16.3	0.4	521.5
1977	0.4	0.1	7.5	11.8	52.0	98.6	272.8	84.1	17.3	70.9	6.8	10.7	632.9
1978	0.1	1.9	6.8	11.4	47.4	84.4	180.0	121.6	64.2	14.7	0.8	2.6	535.9

年份	1月	2月	3月	4月	5月	6月	7月	8月	9月	10月	11月	12月	全年
1979	0.5	3.8	1.1	15.0	49.3	134.3	187.8	92.2	36.2	11.9	10.1	18.0	560.3
1980	1.9	2.4	4.1	10.0	13.1	62.8	87.4	74.6	12.1	20.6	0.6	3.3	292.9
1981	0.5	3.1	29.8	5.1	24.1	30.5	97.6	45.2	36.9	8.7	8.5	0	289.9
1982	0.7	1.0	4.3	22.2	55.0	49.2	74.5	77.3	13.4	21.5	2.0	0.5	321.4
1983	1.2	0.7	12.0	83.4	25.1	37.5	95.2	118.6	20.1	4.1	2.8	0.1	400.7
1984	0	0.9	5.5	26.5	13.7	124.1	63.8	234.4	28.1	20.6	7.0	17.7	542.3
1985	0.4	6.1	9.5	23.3	78.4	94.5	115.0	113.9	34.9	2.8	7.6	2.3	488.7
1986	0	1.0	14.3	22.8	22.0	79.9	186.3	78.4	114.4	29.1	4.8	5.3	558.4
1987	4.5	6.6	17.9	23.7	68.6	81.6	106.5	119.0	39.0	13.5	7.0		487.8
1988	0.1	2.2	2.1	9.9	46.8	49.9	76.2	86.2	90.7	10.2	0.5	0.3	375.0
1989	1.6	0.7	4.3	1.9	40.5	122.9	116.7	41.7	50.4	21.4	0.5	0.8	403.3
1990	7.3	6.5	26.0	30.0	54.1	100.8	145.9	102.9	90.2	1.0	8.3	1.6	574.4
1991	0.2	1.4	7.3	26.9	54.5	160.2	205.6	46.2	49.7	9.0	3.9	4.3	569.2
1992	1.7	0.8	3.1	14.4	39.6	53.2	106.2	67.5	31.0	32.6	12.0		363.2
1993	1.2	1.4	4.2	14.5	23.4	124.1	186.4	57.5	28.5	9.6	24.5	1.9	477.3
1994	0.8	0.3	3.9	0.5	98.1	69.2	340.9	143.5	69.0	6.3	0.8	3.6	736.8
1995	0	4.3	9.3	10.1	46.8	82.2	212.7	125.6	49.6	21.4	0.5	0.4	562.9
1996	2.4	0.2	6.3	9.1	41.8	110.0	129.9	153.1	47.5	16.4	7.3	4.7	528.8
1997	0.5	0.3	0.6	19.2	35.7	64.2	74.3	146.6	48.8	15.1	1.0	4.0	410.2
1998	0.8	2.5	9.8	66.6	93.7	96.3	196.0	112.4	22.3	46.3	3.2	1.3	651.1
1999	0.1	0.1	14.0	16.6	33.2	82.8	56.2	77.1	30.1	8.0	32.0	0.7	350.7
2000	10.1	0.3	2.2	27.1	42.5	43.8	65.4	139.6	22.3	11.7	5.1	3.9	374.1
2001	4.2	0.4	3.0	8.9	23.8	143.6	110.7	98.3	7.4	30.1	2.8	0.6	433.8
2002	0.9	0	12.4	46.8	8.0	110.0	81.4	110.0	33.6	22.1	1.0	2.9	429.0
2003	0.9	0	12.3	5.7	29.0	133.0	89.0	69.8	51.2	37.2	7.2	1.7	437.2
2004	0.1	3.1	0.4	13.8	30.9	92.6	139.3	61.4	52.3	26.7	15.4	2.1	438.1
2005	1.0	2.7	1.3	20.4	97.3	140.3	126.1	126.9	25.6	16.5	0.6	0.2	558.7
均值	1.6	2.3	7.1	19.4	42.5	90.4	136.7	98.8	42.4	21.0	6.6	2.7	471.3

由表 2.7 可以看出，朝阳市大凌河流域降水量偏少且年际变化很大，1970～2005 年的平均年降水量 471.3mm，而降水量最

大的 1994 年达到了 736.8mm，降水量最小的 1982 年仅 289.9 mm。图 2.3 反映了朝阳市大凌河流域的降水量年际变化情况。降水量偏少，年际变化大，造成了朝阳市大凌河流域干旱的频繁发生且灾害严重。

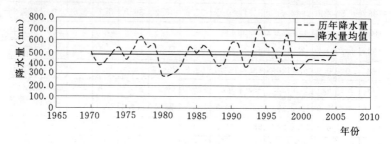

图 2.3 朝阳市大凌河流域年降水量变化曲线

径流量的年际变化进一步反映了朝阳市大凌河流域干旱的频繁发生和干旱程度的严重。图 2.4 为朝阳市大凌河流域逐年天然径流量的变化曲线，基于 Mike Basin 模型的计算成果。朝阳市大凌河流域 1970～2005 年平均年径流量（包括地表水和地下水）为 8.41 亿 m^3，但在最干旱的 1981 年，年径流量仅为 3.17 亿 m^3。由图 2.4 中可发现，大量的径流集中在几个大水年，而其他年份径流量很少，这导致了水资源可利用量的进一步减少。

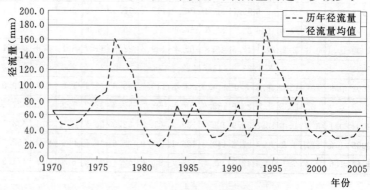

图 2.4 朝阳市大凌河流域天然径流量多年变化图

图 2.5 进一步反映了朝阳市大凌河流域历年降水量和天然径流量变化的距平值。可见，降水量的变化，在蒸散发的作用下，导致了更大程度的径流量变化。这是流域气象条件和下垫面条件综合作用的结果，在降水量丰沛的年份，由于降雨日数和云量的增加，致使日照减少，温度降低，导致蒸散发能力减少，从而使径流量加大；在降水量少的年份，无雨日和云量减少，日照增加，温度升高，天气干燥，导致了蒸散发能力增大，从而使径流量进一步减少。由此，使径流量的变化比降水量的变化更加剧烈。在这其中，由于人类不合理的社会经济活动对下垫面条件的人为改变，可使蒸散发量进一步加大，从而导致更多的降水量被蒸散发。径流量年际间的剧烈震荡进一步反映了朝阳市大凌河流域干旱发生的频率和程度。

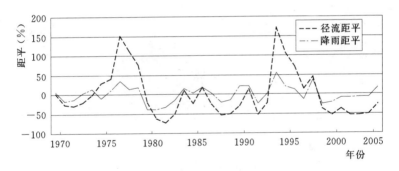

图 2.5　朝阳市大凌河流域降水、径流距平图

不同保证率情况下的降水量和水资源量可以进一步反映干旱发生的频率和严重程度。朝阳市大凌河流域地处山丘区，地下水资源量基本上与地表水资源量相重复，地表水资源量基本反映了水资源总量，因此未作水资源总量的统计分析。表 2.8 反映了不同保证率的降水量和地表水资源量。在 75% 保证率情况下，年降水量比多年平均值减少 15.7%，年径流比多年平均值减少43.9%。在 95% 保证率情况下，年降水量比多年平均值减少33.1%，年径流比多年平均值减少 67.9%。

表 2.8　　　　　　　　朝阳市大凌河流域水资源特征值表

项　　目	平均值	不同保证率的特征值			
		20%	50%	75%	95%
降水量（mm）	471.3	563.0	465.1	397.1	315.3
地表径流量（亿 m³）	7.97	11.28	6.83	4.47	2.56

　　朝阳市大凌河流域降水量的年内季节性变化可进一步反映流域的干旱特征。由表 2.7 可以明显看出，朝阳市大凌河流域的降水具有十分明显的季节性。1970～2005 年平均年降水量 471.3mm，其中 5～9 月的平均降水量为 410.8mm，占年降水量的 87.2%。其余 7 个月的降水量非常少。图 2.6 进一步直观地反映了流域内降雨量的季节分布。

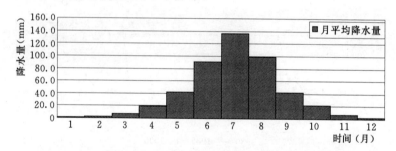

图 2.6　朝阳市大凌河流域各月平均降水量图

　　对枯水季节降水量的统计，可以进一步反映朝阳市大凌河流域年降水的季节性变化。表 2.9 反映了枯水季节降水量的状况。从 1970～2005 年的枯季降水量统计看，10 月至第二年 4 月的平均月降水量不超过 21mm，而 11 月至第二年 3 月的平均月降水量则不超过 7.1mm。只有个别年份，在 10 月和 4 月出现了较大的降水，如 1977 年 10 月的月降水量达到 70.9mm，1983 年 4 月的月降水量达到 83.4mm，而 11 月至第二年 3 月的最多降水量为 30mm 左右，这种最大值只在很少的年份中出现，就大多数年份而言，枯水期的降水很少。

表 2.9　　　朝阳市大凌河流域 1970～2005 年枯水期降水量特征值

月份	10	11	12	1	2	3	4
月平均降水量（mm）	21.0	6.6	2.7	1.6	2.3	7.1	19.4
历史最大月降水量（mm）	70.9	32.0	17.7	10.1	6.6	29.8	83.4
月降水＞25mm 的年数	11	1	0	0	0	2	7

　　这样的降水年内分配在径流方面的反映是，地表径流和地下
径流都基本上产生于雨季，枯水期的降水基本上被蒸发掉，一般
不会产生径流，枯水季节的径流量主要是雨季产生径流量的退水
过程（主要是地下径流的退水过程），雨季降水量的多少基本决
定了年径流量的多少。图 2.7 反映了大凌河朝阳水文站径流季节
性变化的典型过程。

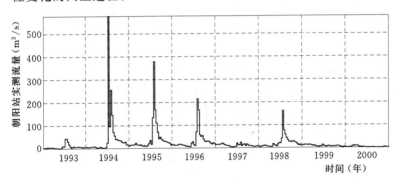

图 2.7　大凌河朝阳水文站实测流量过程线
（以旬为单位进行时段流量平均）

　　这样，5～9 月降水量对于是否发生干旱和干旱严重程度就
起到了决定性作用，5～9 月也是农作物的生长期，此时如降水
偏少将导致雨养农业的干旱。在此期间，连续 3 周左右不降水就
会产生农业干旱，连续 1～2 月不降水就会引起水文干旱甚至较
严重的社会经济干旱，如果连续发生数年的雨季气象干旱，就会
产生强度更大、持续时间更长的水文干旱和社会、经济干旱。容
易发生持续数年的连续干旱，是朝阳市大凌河流域的一个重要特
征。由图 2.7 可以明确看到这种干旱特征，1993 年、1997 年由

于降水偏少，径流量明显偏少，造成当年的径流明显减少，形成水文干旱，而 1999～2000 年的连续雨季少雨造成了连续的径流偏少，形成严重的水文干旱。

经常发生连续数年的干旱是朝阳市大凌河流域的重要特征。1980～1983 年，1999～2002 年，都发生了连续 4 年的干旱。连续干旱造成的社会经济危害十分严重。因为连续的干旱使地表径流量和地下径流量持续减少，造成水库和地下水调蓄能力的丧失，造成非常严重的灾害。

2.3.2 用水状况及对干旱的影响

水资源的利用在很大程度上影响着干旱的发生和发展。朝阳市大凌河流域 1980～2005 年的用水量，见表 2.10。可以看出用水量在明显地增加。流域总水量从 1980 年的 2.01 亿 m^3，增加到 2005 年的 3.55 亿 m^3，是 1980 年用水的 1.8 倍。其中，2005 年农业用水是 1980 年的 1.96 倍，工业用水是 1.60 倍，城市生活用水是 2.89 倍，农村人畜饮水为 1.32 倍。朝阳市大凌河流域逐年用水量的情况，见图 2.8。

表 2.10　朝阳市大凌河流域 1980～2005 年用水量一览表

单位：万 m^3

年份	农业用水	工业用水	城镇生活	农村人畜用水	总用水量
1980	8341.63	5924.17	1203.06	4662.32	20131.18
1981	7755.16	6488.71	1256.32	4654.90	20155.09
1982	8801.69	6871.96	1356.51	4617.86	21648.02
1983	8858.45	7056.98	1503.09	4694.23	22112.75
1984	9190.98	7298.86	1603.39	4650.41	22743.64
1985	9608.91	7474.56	1722.80	4591.92	23398.19
1986	10188.95	7612.02	1877.02	4670.36	24348.34
1987	10149.15	8479.89	1868.28	4666.02	25163.34
1988	10619.41	9130.15	2024.01	4685.12	26458.68
1989	11240.46	8879.19	2100.18	4737.33	26957.16

年份	农业用水	工业用水	城镇生活	农村人畜用水	总用水量
1990	9969.87	8739.66	2203.61	4850.48	25763.62
1991	11931.69	9265.50	2356.94	4709.77	28263.90
1992	12669.86	9556.38	2475.09	4660.04	29361.37
1993	14195.47	9738.31	2597.48	4725.38	31256.63
1994	13195.46	9962.90	2602.45	4801.70	30562.52
1995	14285.57	10203.47	2642.12	4901.72	32032.89
1996	15340.30	10134.21	2892.19	4783.97	33150.68
1997	16138.94	9350.48	2715.55	4770.13	32975.12
1998	13270.49	8893.05	2816.73	4862.18	29842.45
1999	15772.24	8719.82	2861.60	4892.04	32245.69
2000	15036.54	8929.81	2839.25	4695.47	31501.08
2001	15765.89	8202.61	3067.96	4817.53	31853.99
2002	16623.69	7681.19	2927.31	4983.14	32215.33
2003	17307.93	8466.15	3255.25	5338.23	34367.56
2004	18508.99	9623.48	3525.73	5722.53	37380.73
2005	16389.66	9502.26	3480.46	6159.24	35531.62

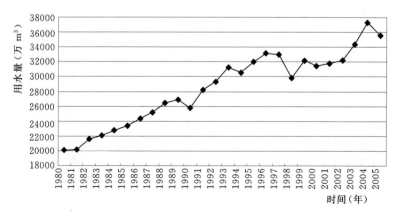

图 2.8 1980～2005 年朝阳市大凌河流域逐年用水量

用水量的大幅增加，进一步导致了干旱时期缺水问题的加重。通过模型的系列计算可明显地看出干旱可能出现的频次和缺水程度。以 2005 年的用水量代表现状用水量，通过模型对 1970 ～2005 年的天然来水进行推算，会发现在未来同等气候条件下的社会经济缺水量的严重情况，现状年用水情况下模型缺水量计算成果，见表 2.11。

表 2.11 　　　现状年用水情况下模型缺水量计算成果表

年份	降水量（mm）	径流量（万 m³）	缺水量（万 m³）
1970	499.6	95995.6	0
1971	386.6	50463.9	225.5
1972	407.2	57837.0	991.7
1973	486.5	70255.9	991.7
1974	539.5	92741.1	1064.8
1975	427.7	119940.9	495.9
1976	521.5	116897.6	172.3
1977	632.9	258519.5	0
1978	535.9	172047.8	0
1979	560.3	136541.4	0
1980	292.9	25619.8	430.4
1981	289.9	7590.7	2617.2
1982	321.4	14058.7	13004.6
1983	400.7	49246.6	9855.2
1984	542.3	121369.4	7322.9
1985	488.7	49413.8	0
1986	558.4	113958.5	5176.7
1987	487.8	48407.8	1273.6
1988	375.0	27001.1	6013.9
1989	403.3	40113.8	12753.4
1990	574.4	67569.0	13612.0

年份	降水量（mm）	径流量（万 m³）	缺水量（万 m³）
1991	569.2	112968.3	3705.3
1992	363.2	17464.6	5510.4
1993	477.3	71246.1	12455.1
1994	736.8	313493.1	5261.8
1995	562.9	157815.6	0
1996	528.8	127654.6	0
1997	410.2	67657.3	0
1998	651.1	128077.2	0
1999	350.7	23276.7	853.4
2000	374.1	27407.9	4309.7
2001	433.8	57430.2	6067.2
2002	429.0	32173.0	9722.0
2003	437.2	37713.9	10694.5
2004	438.1	42226.7	13381.9
2005	558.7	74242.1	13606.1

综合以上的分析，在朝阳市的大凌河流域，降水的年际、年内变化都非常大，造成了水资源的不可靠性，干旱频繁发生。而随着水资源需求量的快速增加，会导致干旱缺水问题的进一步加重，通过实际发生的干旱频率和缺水程度来看也明确的反映了这一状况。

2.3.3 干旱的发展过程与灾害

在朝阳市大凌河流域，从社会、经济、环境用水需求的角度来看，降水量的减少首先造成的是雨养农业的干旱。在雨养农作物的生长期，只要连续 1 个月降雨偏少就会产生比较严重的雨养农业干旱。因此，在一些年份虽然年降水量并不偏少，但作物生长期某一阶段降水量偏少，也会产生雨养农业干旱。受气候和下垫面条件的影响，降水量年内分配对雨养农业干旱的影响非常灵敏，这在朝阳的大凌河流域具有明显的特征。从表 2.11 可以看出，很多降水量比较多的年份，仍然产生了雨养农业干旱。不仅降水量的年际变化会导致雨养农业干旱的发生，降水的年内分配不均也会导致严重的雨养农业干旱。由于朝阳市大凌河流域降水量的年际和年内震荡非常剧烈，致使雨养农业干旱频繁发生。

若降水进一步地持续偏少，就会出现地表径流的大量减少和地下水位的持续下降，形成水文干旱。此时，就会进一步导致灌溉农业取水困难、流域上游偏远山区农村居民生活用水困难。此时会造成比较严重的粮食和其他农作物减产。同时，偏远山区农民人畜饮水困难是朝阳市大凌河流域经常发生的一种干旱灾害。在朝阳市大凌河流域，河流干、支流的上游山区，居住有大量的居民。由于地处上游，集雨面积小，地下水含水层对水的调蓄能力很差，当干旱持续发生时，常常是河流断流，潜层地下水含水层取不出水，出现饮用水的困难。为了生存，他们必须到很远的地方去取水。近年来尽管政府采取了很多措施，如为村民打深水井、采取移民动迁的扶贫方式使这些农民搬迁到生活和生产条件相对比较好的地方去，但这一问题还没有得到根本性解决。当干旱持续发生时，就会出现这些居民的饮水困难，干旱越严重，受灾人口越多。

当降水的持续减少进一步导致地表、地下径流量大幅减少时，就会出现工业和城市生活用水的短缺。由于城市生活用水和工业用水的水源条件要优于农业灌溉，其用水保证率也高于农业灌溉，因此工业和城市生活用水的短缺要迟于灌溉用水的短缺。同时，由于朝阳市城区位于大凌河流域的中游，水源条件相对好一些，一般情况下发生城市缺水的情况比较少，但处于河流上游的县城，往往城市缺水问题比较严重。随着河流径流量的减少甚至断流，河道环境容量降低，污染加重。

表 2.12 是摘自《朝阳水利大事记》对朝阳市 1900～2004 年历年朝阳市旱灾基本情况的描述，从中可以了解到朝阳市历史上干旱的基本轮廓。其中"旱灾情况"是对朝阳市整个行政区的描

述，大凌河流域是其中的一大部分。

朝阳市在所记载的105年中，发生旱灾的年份66年，发生旱灾的年份占65%。其中，在1900～1949年的50年间，发生旱灾的有23年，发生旱灾的年份占46%；在1950～2004年的55年间，发生旱灾的有43年，发生旱灾的年份占78%。而从1980～2005年的26年间，有21年发生了旱灾，旱灾年份占总年份的81%。可见旱灾的发生几率在明显的增加。而且旱灾损失越来越严重。

表2.12　　　　　　　朝阳旱灾年表

年份	降水量 （mm）	旱　灾　情　况
1900		北票境内大旱，农业歉收，民食野菜、树叶、树皮、荞麦花，甚至食多年的"墙头帽"。凌源旱，岁饥
1901～1903		朝阳、凌源旱，连旱3年。岁饥
1912		朝阳、喀左等地大旱，热河省公署令，募捐粮款救济灾民
1916		朝阳春夏无雨
1917		朝阳县（北票）春旱
1918		朝阳县（北票）旱灾。春旱地裂，6月始雨
1919		朝阳大旱，赤地数百里，颗粒无收；凌源、建平春季大旱
1920		朝阳大旱，经年未落透雨，城乡人民饥寒交迫，无以足岁。凌源春夏旱，井涸泉干，入伏至秋无雨。山村迁徙一空
1921		朝阳春旱
1922		凌源春旱，未获耕种，5月间始得透雨
1924		朝阳春夏旱
1929		建平春旱，少雨
1935		建平全境遭旱灾，年景荒歉，哀鸿遍野
1936		凌源、凌南旱。春夏未落透雨，农作物枯槁
1937		建平县大旱
1939		建平县大旱，6月前，2.9万亩幼苗旱死
1942		朝阳县春旱

年份	降水量 （mm）	旱 灾 情 况
1943		凌源县旱，三伏未降雨
1944		建平县大旱。土地歉收，贫苦农民糠菜度日
1947		朝阳春夏旱
1948		凌源县春夏旱
1950		朝阳县春旱严重，发动群众，抗旱播种
1951		朝阳县大旱，至8月未降透雨。喀左县伏旱
1952		朝阳春旱严重，6月伏旱，914亩谷子旱死；喀左旗夏旱，有20万亩禾苗旱死；建平、建昌春夏旱；北票、凌源旱
1955		建平县7月旱，90%以上区村遭受不同程度的旱灾，有3万亩耕地受灾。朝阳县伏旱，大凌河北尤重；凌源县伏旱；北票县旱，7.5万余亩农作物受灾
1957	437.4	建平、凌源、朝阳3县春旱
1958	358.1	建平、北票两县伏旱。北票部分地区长达90天未落透雨。朝阳县春旱、伏旱，抗旱春播25.5万亩。凌源春旱，平地干进9cm
1959	627.1	朝阳、北票、建平北部旱情严重，有10万亩出土的幼苗干枯，全市有12万亩未种上
1960	379.8	朝阳市春秋两季大旱，有20多万亩庄田遭不同程度灾害
1961	367.5	朝阳市特大干旱。从上年10月到本年7月20日，300多天未下大雪和透雨（降水量仅为39mm），地干0.3m多深，地下水位下降1.3～1.6m。全市3.3万眼水井干了1.2万眼，河、溪干了60%，3000多个生产队缺水吃，5万头大牲畜异地饲养。到7月中旬，在播种的814万亩中，只有390万亩抓住苗，且普遍缺苗3～5成
1962	669.2	朝阳市秋旱严重，旱灾总面积达310万亩。因灾减产粮食4000万kg左右
1963	497.3	朝阳市近300天无雪少雨，干旱严重。有些耕地干土层达33～54cm。严重地方山上无草，地里没苗。河干井涸。168个生产队吃水困难。河流70%断流，8个水库无水，有的地方树木成片旱死。成灾面积达440万亩，占耕地面积的51%

年份	降水量 （mm）	旱 灾 情 况
1965	454.9	朝阳地区从上年 11 月到本年 4 月，160 天降水量只有 8.2mm，受灾面积 91 万亩
1966	445.3	朝阳地区从上年 10 月到本年 4 月中旬，平均降水量只有 6.8mm。夏旱，两个伏天基本没下雨。全区水井干了 1500 多眼，旱死禾苗 36 万亩
1967	420.5	朝阳地区除建昌、凌源外，出现伏旱，到 8 月 17 日，统计有 35 个公社、258 万亩受旱灾。北票县黑城子、北四家子公社，河干井涸
1968	392.1	朝阳地区从去年冬到今年 4 月中旬，150 天累计降水量只有 10mm 左右。水位下降，水库蓄水量减少。喀左六官营子公社 70 多眼井干枯。北票县长河营子公社有 10 个生产队到大凌河拉水供人畜用。朝阳地区因伏旱，有 647 万亩减产。相继秋吊，50 多万亩绝收
1969	670.6	旱。朝阳地区有 92 个公社，占公社总数的一半出现了旱象，面积达 200 多万亩。凌源、喀左较重，喀左旱灾面积达 54.8 亩，凌源 45 万亩
1971	398.9	秋吊。朝阳市干旱面积 590 多万亩。其中严重的有 216 万亩，绝收的有 52 万亩
1972	412.0	朝阳市特大干旱。从 1971 年的 7 月 25 日到本年 7 月 20 日，360 天内除少数地方降了一二次接墒雨外，绝大部分地区干旱少雨，群众称"对头旱"。朝阳市水井已干 70%～80%，大凌河断流。到 7 月 15 日统计，全市未出苗的 82.5 万亩，未播种的 58 万亩。有 1/4 自然屯人畜用水发生困难
1973	480.8	夏旱。朝阳市有 106 个公社 361 万亩地受旱灾。朝阳县旱死禾苗 1000 亩，凌源县 8000 亩禾苗旱到顶端
1975	448.1	秋旱。朝阳市有 167 个公社 1033 个大队 369 万亩受旱灾。其中严重干旱的有 140 万亩
1978	530.6	朝阳市除建平外普遍春旱，五成苗以下的有 64 万亩；全区伏旱严重
1979	542.2	朝阳市旱。有 28.4 万亩受旱灾

年份	降水量（mm）	旱 灾 情 况
1980	294.4	朝阳市全年大旱。全市平均降水量只有333mm，比正常年少153mm，旱象以朝阳、北票尤重。全市有700多万亩耕地大部靠车拉、人挑水播种，其中251万亩种两次，51万亩种3次，到7月15日才种完。伏旱连秋吊，到10月1日，全市53条明水河、溪有43条断流，水库、塘坝、机电井、水井大量干涸，20多万人口吃水发生困难。全市绝收130万亩，收成无几的有250万亩
1981	296.2	朝阳市特大干旱。春、夏、秋连旱，有1/3耕地长达22个月没有下透雨。气温普遍升高3～5℃，北票最高达40℃，朝阳县达38.7℃。全市有48条明水河、溪断流或干涸。199座水库干了137座，1200座塘坝干了195座，553处抽水站有217处无水可抽。2.7万眼机电井有1.4万眼井抽不出水，水井干涸75900眼，有4334个生产队近60万人口和16万头牲畜吃水发生严重困难。到5月中旬未出苗的311万亩，未播种167万亩
1982	327.7	朝阳市持续干旱。全年降水量339.2mm，全市到6月末才种完地。伏旱严重，大部分地区35天没下雨。同时出现连续高温和大风天气。7月中旬统计，全市干旱面积达641万亩，其中有162万亩庄稼处于半枯死状态。同时造成大面积玉米、谷子、高粱不能灌浆，粮、棉、大豆大幅度减产，190万亩农作物绝收
1983	397.7	朝阳市持续干旱。从4月26日阵雨后至6月26日，除局部地区有些小雨外，绝大多数地区基本无雨。入伏后连续高温少雨，出现伏旱。7月下旬到8月上旬又出现秋吊。6～8月全区大部分地区降水量为200～250mm，比常年同期少50～150mm
1984	524.1	朝阳市持续干旱。春旱和夏旱，是新中国成立以来较严重的一年。去冬今春无雪少雨，底墒差，不能适时播种。入伏后，朝阳市又出现罕见的高温少雨天气。发生严重旱灾。据统计，全市有近500万亩农作物因旱成灾，谷子大片旱死，33.7万株果树旱死
1985	501.9	朝阳市有102.9万亩农田遭受旱灾。其中成灾面积为30.6万亩

年份	降水量 （mm）	旱 灾 情 况
1986	565.3	朝阳全市春旱
1987	491.8	朝阳全市夏旱
1988	376.1	朝阳全市遭旱灾。自去年10月到今年5月，雨雪稀少，干旱日趋严重。全市降水量仅有40～75mm，是新中国成立以来朝阳市历史上同一时期的第二个特大干旱时段。据统计：到5月中旬全市700万亩耕地，仅播种400万亩，占耕地总数的57%。入伏后全区未下过一场透雨。到8月15日落雨止，全市受灾面积602万亩，占农田总面积的90.5%。绝收农田面积129万亩，占农田总面积的19.4%，减产6～8成的农田229万亩，占农田总面积的34.4%，减产2～5成的有192万亩，占农田总面积的28.8%
1989	418.5	凌源、建昌、北票自去年9月10日起至今年5月上旬，长达240天无增墒雨雪。凌源县200个村人畜用水困难。全市伏旱、秋吊整整一个月，到8月22日统计，全市减产八成以上作物面积70.4万亩，占播种面积的11.7%
1992	383.7	自1991年9月至今年5月，全市平均降水量为92.8mm，比历年同期少30%。进入6月全市平均降水量43.2mm，7月上旬全市平均降水量只有3.2mm，土壤失墒严重。全市400万亩大田作物和100万亩果树严重受旱，部分果树、树木旱死
1993	492.8	全市春夏两季旱。于7月初人工降雨，旱情基本解除
1995	553.9	春旱。自去年10月到今年2月中旬，降水特少，降水量仅为9.7mm，为常年同期降水量的28%。气温高，比历年同期高1～5℃，蒸发量大，失墒严重。据全市测墒，平地5cm，墒情平均为7.7%，下降了1.9个百分点，墒情最差地区建平北部，仅为3%～4%，比去年同期少10个百分点
1996	508.4	去冬今春，朝阳市基本无雨雪，风沙大，气温高，土壤严重缺墒，旱情严重。据统计：这场旱灾较重的乡（镇）89个，785个村，成灾人口107万，成灾面积186万亩。全市直接经济损失7亿元
1997	432.0	朝阳市遭到春、夏、秋连旱，出现高温少雨天气。全市7个县（市）区、168个乡（镇）普遍受到旱灾

年份	降水量 （mm）	旱 灾 情 况
1999	355.1	进入 7 月以来，朝阳全市连续出现高温干旱天气，大部地区出现严重旱情，有的地方农作物干旱枯萎死亡。据调查：全市农作物受灾面积 170.9 万亩，占播种面积的 30%，7 个县（市）区均遭旱灾，其中凌源、朝阳、喀左受灾较重，受灾面积达 144.5 万亩
2000	359.6	朝阳全市特大干旱。在去年遭受夏秋连旱之后，今年又发生了春、夏、秋连旱。干旱严重时段，持续高温少雨造成全市四大主要河流（大、小凌河、青龙河、老哈河）基本断流，82 座水库干涸 61 座，480 万亩农田几乎绝收，给农业和农村经济带来巨大损失，是 1949 年新中国成立以来第四个特大旱灾年
2001	422.3	继 1999 年、2000 年两年旱灾之后，今年又是旱灾严重的年份，春旱和秋旱严重。截至 5 月末，全市耕地有 285 万亩未能播种。已播种的麦田有 50 万亩无水源供给。83 座中、小型水库蓄水量比历年同期少一半以上，500 多座方塘干涸 80%，1.3 万眼机井有 0.5 万眼抽不出水来
2002	434.1	继连续三年大旱之后，今年又遭旱灾。全市有 450 万亩农作物遭灾，其中成灾（减产三成以上）390 万亩，绝收 87 万亩，给全市农业经济造成严重损失
2003	448.2	在连续四年遭受旱灾的基础上，今年又发生了春、夏、秋连旱。全市 61 条河流中有 40 条断流，其余 21 条河减少流量一半。全市受灾面积 450 万亩，其中减产 3～5 成的 50 万亩，减产 5～8 成的 150 万亩，绝收的 150 万亩。因旱造成的经济损失 10 亿元，粮食减产 8 亿 kg
2004	429.0	全市有 450 万亩农作物受旱，其中受灾面积 210 万亩，有 40 万亩耕地未能播种。全市因旱减产 36.4 万 t，经济损失 5.31 亿元

3

与干旱管理相关的国际理念与方法

3.1 水资源综合管理与水需求管理

水资源综合管理是近些年来世界上为应对水危机而提出的新的水资源管理理念和方法。水资源综合管理主要由《全球水伙伴技术委员会技术文件（第 4 号）》来定义。全球水伙伴是一个向所有从事水资源管理的机构开放的国际网络组织，成立于1996 年。

《全球水伙伴技术委员会技术文件（第 4 号）》对水资源综合管理作了如下定义。

"水资源综合管理是以公平的方式，在不损害重要生态系统可持续性的条件下，促进水、土地及相关资源的协调开发和管理，以使经济和社会财富最大化的过程。"

在上述定义中强调了水资源利用的公平、可持续和高效。强调水资源的利用要以公平的方式进行，所有的人都有获得人类生存所需要的水的基本权利；强调水资源利用要以不破坏主要生态系统为条件，不应当削弱生命保障系统，从而不损害子孙后代享有同一资源的权力；强调要在上述公平方式和可持续的条件下来实现水资源利用的经济和社会财富最大化。这就意味着要提高水资源的利用效率与效益，并强调通过促进水、土地及相关资源的协调开发和管理来实现经济和社会财富最大化。同时强调水资源综合管理是一个过程，也就是说这是一个在管理方法上不断进步的过程。在上述理念中，公平和可持续是我们已经理解了的，尽管我们目前做的还很不尽如人意。但是把"促进水、土地及相关资源的协调开发和管理"作为实现经济和社会财富最大化的方式，还没有引起我们足够的重视，特别是在应对干旱灾害方面。

水资源综合管理的原则为 1992 年在都柏林"水和环境国际会议"上提出的都柏林原则。柏林原则包括以下四条：

（1）淡水是一种有限而脆弱的资源，对于维持生命、发展和环境必不可少。

（2）水的开发与管理应建立在共同参与的基础上，包括各级用水户、规划者和政策制定者。

（3）妇女在水的供应、管理和保护中起着中心的作用。

（4）水在其各种竞争性用途中均具有经济价值，因此应被看成是一种经济商品。

在上述水资源综合管理四条原则中，首先强调了水资源的有限、脆弱和必不可少。从目前我们所讨论的干旱和旱灾来讲，就充分体现了这一点，同时，强调水资源的有限和脆弱，是重点提出人类应更好的管理自己的社会经济活动，以保证水资源利用的可持续。

在第（2）条原则中，重点强调了"参与"，包括用水者、规划者和政策制定者的共同参与。这一点与我们近些年的做法有很大的不同。实际上，"参与"是现代管理的重要理念，特别是解决水资源问题，包括干旱问题，需要全社会的努力，需要全社会的自律，各方面的有效参与将有利于水资源的公平、可持续和高效利用。"参与"原则的落实需要水资源管理的透明和建立起参与的机制、体制、具体的程序和办法。

第（3）条原则强调妇女参与水资源管理。在这方面通常并不引起我们的重视，甚至对这条原则感到不以为然。实际上，在绝大多数的文化背景下，与男人相比妇女都是水的重要使用者，特别是在家庭和生活用水方面，也包括对下一代有关水资源诸方面意识的教育。特别是在干旱灾害发生时，饮用水困难给妇女带来的压力多数情况下大于男子；现阶段很多农村青壮男子出外打工，农业生产主要是由妇女和老人完成，农业干旱给她们带来了更大的压力。因此，细心想来，妇女参与水资源供给、管理和保护是十分重要的。

第（4）条原则强调了水资源的商品性质。这方面目前我们的社会已经有了比较广泛的共识，但在实际的水资源管理中，并没有真正实现水的商品化和通过市场配置来提高利用效能。而且，对水的价值和水的完全成本还缺少清晰的认识。

水资源综合管理强调，实现水资源利用的经济高效、社会公平和生态可持续，需要在实施环境、管理体制和管理手段三个方面做出努力。实施环境是指国家政策、法律和规章的总体框架以及水资源管理中利益相关者参与的信息环境。在实施环境方面目前已经有了比较完备的《水法》及相关法律，目前的问题主要出在两个方面。一是还缺少保证法律实施的配套法规、标准体系，这往往使法律所规定的基本原则不能得到真正的实施；二是法律法规的有效执行问题，执法不严仍是我们水资源管理中的大问题。另外，还缺少各层级利益相关者有效参与水资源管理的法律要求。

管理体制包括各级行政管理部门的管理职能、协调机制和利益相关者有效参与的机制。这方面目前存在的问题是，机构间职责的重叠与空白，职责的确立十分笼统，缺少机构间的有效协调、协同与合作。另一个重要的问题是，水资源管理职责与供水服务职责的混淆。

管制手段包括水资源管理过程中有效管制、监督和强制实施的手段。水资源综合管理强调下列管理手段的运用。

水资源评价与规划。水资源评价，包括对天然水循环中水资源的量和质的时空分布及脆弱性分析评价，还包括对水资源利用状况和存在问题的分析评价。分析水资源的脆弱性和水资源利用中存在的问题，从而在未来的水资源管理中加以解决是水资源评价的根本目的。水资源规划是在水资源评价的基础上，根据水资源条件和未来社会、经济发展及环境可持续要求，针对水资源的脆弱性和未来水资源管理需解决的问题，制定未来一个时期改进和发展的战略及具体措施。在规划制定过程中，经济发展的方式要根据本地水资源条件（特别是水资源的脆弱性）和土地及其他资源条件来制定，通过各类资源的协调开发和管理来使经济和社会财富最大化。在水资源评价和规划中，强调对水资源和水资源利用进行监测和建立水资源知识库的重要性；强调通过利益相关者的参与来使规划编制的更符合实际和利益相关者的意愿，并有利于规划的执行；强调通过水资源的高效利用和需求管理来使水资源产生更大社会经济效益；强调针对水资源脆弱性进行风险评估和风险管理，并实施可持续利用。

交流和信息系统。强调信息交流在水资源管理中的重要作用和信息系统作为信息交流工具的重要性。通过信息交流，普遍提高水行业决策者、专业人员、利益团体和公众的认识。

水资源分配。强调要采用基于市场的方法来进行水资源分配，采用价值法则使水资源向更高使用价值的用途分配。

管制手段。管制手段可包括直接控制、经济手段和激励性自我管制。

可持续性的技术进步。强调技术进步对实现水资源公平、可持续和高效利用中的重要作用。强调要把技术创新作为水行业发展的重要内容。提出，有些技术似乎与水资源利用与管理不直接相关，但可以对水资源利用和管理发挥显著的作用，如适应气候条件的作物优化选择、减低能源成本的技术和海水淡化的运用。同时强调要做好技术选择，应选择最合适的技术，并不一定选择最先进的技术。

水需求管理是把对用水需求的管理作为水资源管理的根本手

段。由于水资源的有限性和脆弱性与社会经济发展对水需求的不断增加形成的矛盾，最终需要通过对用水需求的管理来加以解决。即，通过提高水资源的利用效率和效益，使水这一稀缺资源创造出最大可能的经济和社会财富，从而保证社会经济的发展和生态系统的可持续。水需求管理的基本方法就是水资源综合管理的方法。

水资源综合管理与水需求管理是现代水资源管理的重要理念和方法。是针对整个水资源管理的。而干旱管理是对干旱缺水问题的水资源管理，解决干旱管理问题需要在长期水资源管理中和干旱时期的水资源管理中同时做出努力，水资源综合管理和水需求管理对于解决干旱缺水问题具有重要的理念和方法价值。

3.2 风险管理

风险是指发生偶然事件，引起不确定的损失，包括三层含义：一是风险是偶然发生的事件，即可能发生也不一定发生；二是风险发生的结果是出现非预期的损失；三是事件发生所引起的损失是不确定的。

风险管理是一门新兴学科，但发展很快，受到了世界各国的高度重视。风险管理，就是在对风险进行识别、预测、评价的基础之上，优化各种风险处理技术，以一定的风险处理成本达到有效控制和处理风险的过程。风险管理一般包括风险预防、风险评价、风险应对、灾后恢复等多个环节，从而有计划地处理风险，避免或减少损失。风险发生后的应对和恢复只是风险管理的一部分，而预防才是风险管理的根本所在。

随着经济社会的快速发展，人类面临的风险层出不穷，可持续发展和公众对于增加安全感的更高要求使风险管理越来越为世界各国所重视，并正在得到逐步推广。政府是公众的最终依赖对象，在防范和应对风险方面承担着不可推卸的责任。目前，西方发达国家政府已经提出并实施了政府风险管理的理念，美国政府大多数部门的主要职责都与风险管理有关。我国许多行业也采取风险管理方法。

从管理学的角度上看，干旱管理属于风险管理的范畴。现代风险管理的理念和方法对于减少干旱风险的损失具有很大的帮助。良好的风险管理需要科学的风险意识。包括：

（1）承认并意识风险永远存在，并将风险管理作为组织的一项永恒任务。

（2）以理智的态度应对风险。

（3）以科学的行为去规避、控制和化解风险。

风险管理基本原则可包括：

（1）对风险有一个准确、全面、充分的认识。对风险发生、发展的规律和风险影响因素都有准确地把握。

（2）风险管理涉及组织各方面及各种资源的调度与使用，必须采取综合的管理方式。

（3）全面预防的原则。

（4）确保制度的有效性，确保风险管理流程已经成为组织日常管理程序的一部分，并能在遇到风险时做出快速反应。

（5）定期对风险意识、风险管理制度、风险管理预案、风险沟通渠道进行审查，以确保组织目标的实现。

（6）风险管理要严格按科学的规划、程序、方法进行，以保证在风险认识、预防、控制等方面的恰当性和合理性。

3.3 减轻干旱风险的国际理念与方法

近年来，很多国家都在开展建设灾害恢复型社会的行动。其主要目的是真正地减小灾害风险和促进可持续发展。建设灾害恢复型社会首先要对灾害、人类对灾害的脆弱性及引发的问题有充分地了解，进而提出采取综合行动的政策和指导方针。为了支持灾害恢复型社会的建设，联合国国际减灾战略处（ISDR）得到了加强，使之成为广大利益相关者服务的 ISDR 系统，其成员来自政府代表、国际、地区和联合国机构及公民社会团体。联合国国际减灾战略处组织大家联合起来实施项目和采行动，确定切实有效的做法，找出差距，推动正确行动的执行。

为了指导建设灾害恢复型社会中干旱管理行动的落实，联合国国际减灾战略处的秘书处与设在美国内布拉斯加州（Ne-braske）大学的国家减灾中心和其他伙伴合作，根据多数国家的想法和做法共同编制了《减小干旱风险框架与实践》。报告对干旱和脆弱性的理解作了进一步阐述，提出了减小干旱风险的指导行动。报告探讨的内容包括干旱政策和行政管理方法、风险识别和预警方法、干旱意识和知识管理、有效的防治措施。框架要素中列举了实践中的具体实例、技术方法、各种背景信息。《减小干旱风险框架与实践》的发行旨在帮助国家和地区政府、国际和区域机构、援助组织掌握干旱灾害根源、减小干旱影响、减小干旱对人们福利和粮食安全造成的不良后果。在此，把《减小干旱风险框架与实践》的主要内容作为减轻干旱风险的国际理念与方法进行介绍。

3.3.1 减轻干旱风险的框架

减轻干旱风险的框架可概括为四个主要方面（见图 3.1），它们被联合国国际减灾战略处（ISDR）列为优先考虑重点，分别为：

（1）政策与管理：它是实行干旱风险管理和完成政治任务的基本要素。

（2）干旱风险的识别、影响分析、预警：主要包括灾害监测与分析、脆弱性与抵抗灾害能力分析、灾害影响分析、预警系统与交流系统建立。

（3）提高干旱认识、加强干旱信息的管理：为打造减轻干旱风险与灾后恢复型社会奠定基础。

（4）有效的干旱防治措施：政策落实到位，减轻干旱损失。

所有这些都需要政府有力支持、社会积极参与，同时在具体措施上还要结合本地实际情况进行考虑和设计。国际和地区社会在协调工作、引进技术知识、支持项目实施、促进有效实践活动开展中也发挥重要作用。

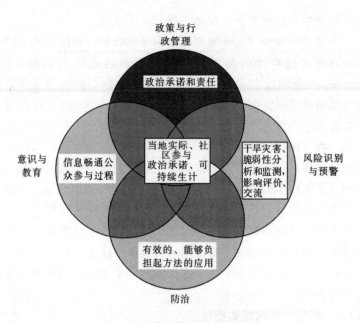

政策与行
政管理

政治承诺和责任

意识与
教育

信息畅通公
众参与过程

当地实际、社
区参与、政
治承诺、可
持续生计

干旱灾害、
脆弱性分
析和监测，
影响评价、
交流

风险识别
与预警

有效的、能够负
担起方法的应用

防治

图 3.1　减轻干旱风险方法构成

注：引自 ISDR 秘书处、美国 Nebraska－Lincoln 大学－国家干旱减灾中心。

3.3.2　减轻干旱风险政策与管理

无论发达国家还是发展中国家的政府往往更关注迫切问题的解决。只有当干旱演变成严重灾害时，他们才迅速采取行动，但为时已晚，很难改变现状。因此，高层领导和权力机构应该了解干旱给社会造成的破坏、给人们生活带来的困难，应该保证干旱信息畅通和政策的落实，减轻人们在干旱中的损失，防止干旱条件下环境的恶化。

建立干旱恢复机制应该是一项长期工作，并纳入与农业、水利、粮食安全、减灾计划有关的政策范畴。理想的做法是根据地方政策和工作状况，将干旱灾害恢复工作列入国家政策体系中，鼓励采取措施，提高人们抗旱能力。这需要长期政策和有效管理作保障，必须加强能力建设，建立有实际意义参与机制，使人们真正参与政策、规划制定过程中。

1. 指导原则

中央和地方在制定和实施减轻干旱风险策略时，应该遵守下列原则：

（1）政府的有效管理是将干旱风险问题作为可持续发展和减轻灾害风险工作的必要条件。

（2）在政策制定和实施过程中，社区参与的自下而上方法是政策得以落实的必要条件。

（3）要求加强能力建设、提高知识水平，帮助提出政治承诺、组建强有力的机构和保持社区信息畅通。

（4）干旱政策中应制定一套明确原则和实施指导方针，用于干旱管理。编制干旱防治规划，在规划中提出实现各项目标的策略。

（5）干旱政策和规划不应仅侧重于干旱救灾方面，更应该强调干旱的防治。

（6）干旱策略和规划重要组成部分包括干旱监测、风险评估、减轻风险措施选择。

（7）制定和执行政策机制，保证减轻干旱风险战略贯彻落实。

（8）对干旱防治措施长期、稳定投入是减轻干旱灾害必要条件。

2. 组建政府、公众联合体

全社会参与政策的制定与实施，是政策在实践中得以落实的必要条件。要求采取参与方式制定政策和战略，使之与本地实际状况密切相关，更具有可行性和公平性。这样有助于在利益相关者中营造出强烈"社会"主人翁感，在干旱政策实施过程中有助于履行责任和义务。各级政府和组织要在减轻干旱风险战略的制定和实施过程中充分发挥作用，加强彼此合作。每个政府和组织有各自分工和职责。

（1）社区。社区组织在干旱发生时最脆弱，他们在以人为本的减轻干旱风险战略和行动中起到关键作用。他们对本地情况的了解程度、应对干旱能力强弱、采取什么样响应措施，将最终决定干旱风险影响程度。应该对干旱造成灾害有明确认识、了解干旱对他们产生影响，能够采取具体行动，使干旱造成破坏和损失降到最低。

（2）地方政府。通常地方政府负责公民安全、保证管辖地区人们对灾害有一定程度了解。应该积极参与减轻干旱风险规划和项目制定和实施中，收集和掌握预警信息和各方建议，为当地居民提供指导和帮助，保护居民安全、减轻干旱灾害和财产损失。地方政府在地方与中央之间起到纽带作用。

（3）中央政府。负责制定政策和总体框架，帮助减轻干旱风险，负责运行和维护能够及时处理和发布干旱预警信息的技术支持系统。中央政府应该保证各部委及直属机构协调工作，通过国家级干旱管理组织机构和管理机制，开展双方和多方合作。在全国范围负责保证政策的实施、防治措施的制定、保证将预警级别信息和响应行动告知全国人民，特别是让干旱最脆弱地区的人们能及时了解干旱程度。中央政府还应该支持和帮助地方政府、社区提高应对干旱能力、落实减轻干旱风险政策。

（4）地区组织和机构。通过提供专业化知识和指导来帮助各国增强应对干旱能力，保护发生干旱地区的地理环境。地区机构非常重要，它可以根据某国具体需求提供相应的国际帮助，在有效地减轻边境地区灾害风险工作中发挥重要作用。

（5）国际团体与双边实体。为各国提供减轻干旱风险项目，促进各国间信息和知识交流。提供的援助包括提供咨询信息、技术援助、为各国负责减轻灾害或干旱风险管理部门提供政策和组织方面帮助，以保证他们具备必要的开展相关领域工作的能力。国际合作组织可以动员技术和资金资源帮助起草、批准、实施、审查国际协议，如"千年发展目标"。有些国际合作组织在国家、全球重点问题中起到中立代言人角色。

（6）社会团体。社会团体在提高个人和组织对参与减轻干旱风险政策制定和实施的认识方面发挥着重要作用，尤其在社区层面上的作用更为显著。社会团体在社区中有很强的号召力，帮助大家提高觉悟，帮助做好宣传工作。另外，这些个人团体可以通过说服工作来使干旱风险工作列入政府决策者的工作日程。

（7）私营部门。在提高本单位内部应对干旱的能力方面，对减轻灾害和干旱风险中扮演重要角色，除此之外，私营部门还有巨大尚待挖掘的潜能，可以提供技术知识服务，可以提供人力、物力财力等捐助，尤其可以在宣传和推广防治措施方面发挥作用。还可以收集和提供预警信息，以减少干旱危害。应当鼓励私营部门积极参与干旱减灾工作并发挥作用，使之与国际先进方法保持一致，提高国际先进方法的价值。

（8）媒体。在提高广大民众"减灾意识"和传播预警信息方面发挥巨大作用。一般情况下，媒体是政策制定者、实施者、大众彼此沟通桥梁。媒体肩负满足听众需求的重任，而政策制定者和实施者的任务是不断改善制定政策的方法，具有新闻价值，吸引媒体关注。

（9）科研部门。在帮助政府和社会减轻干旱灾害提供科学知识和专业技术服务方面发挥巨大作用。科研部门的专业技能为灾害分析、灾害脆弱性的判别和分析、科学化系统化监测网设计、预警信息提供、数据交换、科普和在大众中传播干旱风险等方面发挥基础作用。科学技术人员可以对传统知识进行分析研究、促进其推广应用，还可以在先进方法的转化和普及方面发挥作用。在实际工作中汲取经验和教训，深入研究知识体系，使之发展和完善。

（10）能力建设。能力建设在减轻灾害风险中是项综合性工作。在可持续发展、减轻灾害风险中，能力建设是中心工作，非常重要。在实际中，如何促进和开展能力建设工作是各级部门面临的挑战。联合国国际减灾战略处减灾工作小组编写的文献指出，目前关于能力建设，在概念和方法上分为以下三个不同层面：在个人和单一团体层次面，能力建设是指转变态度、提高能力的过程，从参与和知识交换方法中获得最大利益；在组织机构层面，能力建设更注重机构的绩效和工作能力提高；近些年，人们更重视能力建设的第三层面，即能力的系统化发展，强调个体和组织在与环境相互作用中，建立完整的政策框架。将重点放在有效利用和提高地方、中央能力水平上，将会营造出更有助于制定有效减轻干旱风险、可持续发展战略的氛围。

3. 干旱管理政策的构成

干旱政策可以表现为多种形式，如法律法规、规划报告、一系列相关计划、合作者之间非正式谅解文件。无论什么样形式，制定任何一项干旱政策的目标应该是提出一套明确原则和行动指南，指导开展干旱管理工作、应对处理干旱产生影响、指导干旱预案的编制，干旱预案中应该提出实现上述目标的战略。

干旱政策中应该兼顾减轻干旱风险框架、干旱管理工作网和机制建设、可利用资源的各方面要素。干旱政策和规划（预案）是这些要素的基础，不能像以往一样只侧重危机救助，而更应该强调干旱的防与治。干旱救助工作是必要的，但有些工作可以在干旱发生前开展，这样可以缓解干旱对人们生产、生活、环境带来影响。

干旱防治规划（预案）的基本内容应该包括干旱的识别、监测、脆弱性分析（风险识别）、风险管理。干旱监测系统要能够提供历史数据用于分析状况变化情况，还要能够发布预警信息，提醒干旱对人们生产、生活可能带来威胁。风险识别帮助确定受干旱影响出现最脆弱的地区、人群、经济和环境，从而确定和采取风险管理行动，减少风险。

最后，通过干旱防治规划（预案）将改善各级政府部门间的协调、提高缺水状况下监测水平和评价能力、完善缺水响应措施、改善干旱信息流通渠道、提高水资源分配效率。所有干旱防治规划目的是减轻缺水造成影响和人们的负担、缓解用水和利用其他自然资源之间矛盾。这些规划应该通过系统分析国家、地区关注的主要问题，鼓励人们采取自主方式减轻灾害。

应该建立和执行确保减轻干旱风险战略落实的机制。其中一项工作是制定干旱管理政策，而另一项工作是保证政策确定的行动得以实施。政治和资金的投入是制定和落实干旱防治措施的必要条件。开展干旱预防工作的投入会更加人性化、更物有所值，比干旱发生后再采取行动收效显著。

4. 干旱风险管理政策与规划组成要素

在干旱管理政策中，应该制定一套明确的指导原则和行动指南，指导干旱管理和减灾工作开展，指导干旱规划（预案）编制，提出实现目标的战略。国家干旱政策中应该明确各级政府、地方社区、土地所有者的责任，弄清水资源可利用状况，明确干旱风险管理应采取的行动。尽管不同地区干旱政策与实际需求有一定差别，但干旱风险防治政策中应该体现出如下基本理念：

（1）提出地方、中央、地区非政府机构、普通百姓参与政策制定、决策、实施有效方法，以及他们参与国家行动计划执行情况检查的方式。

（2）深入开展脆弱性、风险、能力、需求分析工作，重点研究造成全国、省、地方、边界地区范围干旱问题的根本原因。

（3）重点加强政府、社会对全国、省级干旱风险的识别、分析、监测干旱风险的能力建设，有效开展规划（预案）制定实施工作，其中包括加强开展以人为本的干旱预警系统建设工作。

（4）将建立政府、社会干旱恢复机制的短期、长期战略相结合，减轻干旱风险，加强战略落实，将这些战略纳入国家可持续发展战略中。

（5）将干旱预警指标与干旱减灾响应行动结合起来，保证干旱有效管理。

（6）地方可以根据情况变化采取灵活、可行措施，以适应不同社会经济、生态、地理条件和环境。

（7）推行和加强开展协调合作的政策和组织框架，加强合作伙伴、各级政府和社会捐赠机构、地方百姓、社区团体间的合作，并帮助当地人们了解干旱信息和提高信息技术水平。

（8）制定部门和利益相关者开展干旱减灾响应行动的实施职责，要求定期监测和汇报执行工作进度情况。

（9）加强干旱防治和管理，包括制定考虑年内和年际的气候预测的国家、地区级干旱紧急应对预案。

3.3.3 干旱风险识别、影响分析和预警

1. 指导原则

干旱风险识别、影响分析、预警工作应该遵守以下原则：

（1）干旱风险是干旱灾害和脆弱性综合产物，风险管理需要了解掌握干旱灾害和脆弱性这两个方面以及相关要素时空变化情况。

（2）提高全社会包括个人、社区、机构、国家的能力可以减少干旱脆弱性。

（3）干旱影响分析在干旱风险识别、确定干旱脆弱群体和部门中发挥重要作用。

（4）干旱监测和预警系统在干旱风险识别、影响分析、信息管理中发挥重要作用。

（5）气候变化以及由于气候变化而引发的干旱变化会给可持续发展、环境、社会带来严重风险。

2. 本地、国家、边界地区范围的干旱风险评估

干旱风险是以干旱发生频率、严重程度、干旱空间范围（干旱自然属性）、人类活动对干旱影响的脆弱性为判别依据。一个地区对干旱的脆弱程度取决于该地区社会、环境特性，用干旱中生存能力衡量。生存能力包括预测、应对、抵抗干旱能力和从干旱中恢复的能力。可以通过提高能力减弱干旱脆弱性，能力提高包括提高个人、社区、机构和国家的抵抗能力。这种能力是指干旱风险识别、干旱信息交流、减小干旱风险以及干旱发生时化解（吸收）干旱影响的能力。能力建设的目标应该放在干旱防治中提高自我救助能力上。科研人员正逐渐推广使用统一的术语和方法策略开展风险评估工作，并对这些方法的优点和缺陷进行分析。联合国国际减灾战略处推行使用的风险评估过程如图3.2

所示。

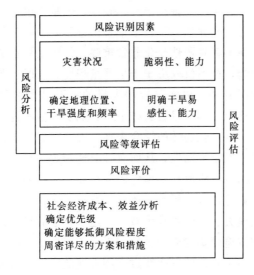

图 3.2　风险评估过程图

　　美国国家干旱减灾中心已经制定了干旱指导方针。"如何减小干旱风险"指导文件可以帮助社会各界更好地了解他们面临的干旱风险，从而制定适合本地实际情况的措施减小风险。该指导性文件提供了干旱风险自我评估的步骤，已经被其他几个国家的规划者采用。指导文件中风险分析章节部分倡导应开展工作包括：对过去发生干旱的频率、严重程度、范围进行分析；了解干旱影响、排列干旱产生影响顺序；开展脆弱性分析、调查了解干旱产生影响的原因。这种风险评估方式可以发现干旱影响的主要原因，这一点对有效明确干旱防治措施至关重要。

　　3.风险评估方法

　　（1）灾害评估。不同强度的气象干旱出现频率和历时决定了国家和地区易干旱程度。准确了解这种灾害及它们的时空变化过程是国家重要任务，国家应该建立全面干旱预警系统，综合考虑气候、土壤、供水等方面的因素，包括降水、气温、土壤墒情、积雪、库湖水位、地下水位、径流等。还应该掌握和了解气温、降水变化趋势、降雨在强度、季节分布上的变化、气候变化，这些都有助于了解今后灾害在历时、频率、严重程度上的变化。

（2）干旱影响评估。了解干旱整个过程的影响趋势对预测未来干旱影响和了解脆弱性变化非常重要。每次干旱都会产生一系列不同的影响，这不仅取决于干旱严重程度、历时、范围，还与社会变化状况有关。以实际应用为目的，干旱影响可以分为经济、环境、社会干旱，尽管有些干旱影响实际上不仅作用于一个领域，这些影响是脆弱性的综合表现。因此，以影响评估作为出发点可以更好确定脆弱性，从而有针对地制定干旱响应措施。干旱影响评估的重点应放在干旱脆弱的行业、人口和社会方面。

干旱影响评估从分析干旱造成的直接后果入手，譬如农作物减产、畜牧损失、水库蓄水量减少，这些直接后果可能会产生次生后果，如被迫变卖房产和土地、正常生产生活被打乱、带来的身心压力。除了对这些发生在过去和近期的影响进行分析外，还需要考虑未来干旱会产生什么影响的问题，这个问题对人口迁移、水需求变化至关重要。

在美国，国家干旱防治中心已经建立了干旱影响数据库，帮助整理干旱影响有关资料，有助于人们了解干旱影响。用户可以查询干旱影响报告数据库，搜索到指定地区正在或已经发生干旱产生的影响。干旱影响按类别可以分农业、水资源、能源、环境、火险、社会影响。这项工作将帮助规划人员确定干旱影响范围，这对该地区非常重要。例如，在应对 1996 年严重干旱后，新墨西哥州于 1998 年完成了干旱防治规划，新墨西哥州组成了四个影响评估小组，包括：①农业；②饮用水；③野生动物、山火；④旅游和经济分别代表受干旱影响最严重领域，尽管这四个小组没有对干旱脆弱性如何增加或减少进行评估，但他们明确了干旱对各自负责领域所产生的影响。

由于技术、资金、政治和其他方面的差距，各国采取收集干旱影响数据的方法各不相同，有必要评估干旱影响，并采取一定方式完成此项工作。由于相关机构对这方面了解是有限的，而从人们对以往的记忆中收集到的信息有一定偏见。因此可靠的干旱影响记录有助于提供更多的有价值信息，为规划决策奠定基础。

一旦干旱影响评估工作完毕，下步工作是列出影响最大的方面。干旱可以造成许多直接和间接影响，但首先强调把注意力和有限的资源放在最严重的影响上。为了帮助排列出干旱影响优先顺序，保证政策的公平制定，应该让公众、社区顾问委员会、社会团体、政策制定者都参与这项工作。

（3）脆弱性分析。脆弱性分析为识别干旱造成的社会、经济、政治、自然、环境影响提供框架。它将注意力直接放在产生脆弱性主要原因上，而不是结果上，这些因素会导致干旱事件。例如，在干旱状况下，少雨产生的直接影响是农作物减产。然而，产生这种影响的主要原因可能是农民没有耕种适宜的农作物，这主要由于受文化习俗和政府鼓励影响，无法弄到其他种子或价格太贵、或没有建立干旱预警系统。因此，开展脆弱性分析时，首先应该问问为什么会产生严重影响（或干旱为什么会发生）。重要一点是要了解综合因素（如环境、经济、社会因素）或主要原因（如在干旱风险下的生计、激励机制、不适宜作物）可能会造成一定干旱事件。

4. 改善风险评估方法与应用

应不断检验和修正风险评估方法、相关图集和标准，使之满足利益相关者需要。他们应该成为国家、地方规划战略必要组成部分。使该过程制度化，有助于确保改进方法得以落实、促进其不断改善。

为了提高风险评估水平，建议研究人员和规划单位支持常规方法使用，来定义和评估干旱风险，并鼓励国际先进方法的提出和运用，包括干旱灾害和脆弱性分析指标的应用。此外，研究人员和执行者应该定期绘制、升级、发布与干旱发生和脆弱性有关的信息图表，应该将重点放在处于最危险的人口。应该广泛开展地区和国际性机构合作，采取恰当方法评估和检测地区和边界的灾害和脆弱性，开展信息交流活动。

5. 干旱监测与预警

干旱是一种典型的发生缓慢的现象，这就意味着任何一次紧急干旱通常可能会有一个预警期。掌握了这样信息，灾害管理就可以从被动式向主动式管理转变，它预示着干旱管理从以灾害恢复为重点向灾害预防的转变。由于对干旱没有统一定义，因此，很难确定干旱开始、终止的时间。但是，人们可以针对各种行业、各类用水确定各种干旱指标，通过对这些指标的追踪，为人们提供干旱监测的重要手段，并对干旱提前作出预警。

促进开展预警的联合国国际减灾战略处于 2006 年完成了全球预警系统调查工作。通过调查发现，干旱预警系统远比其他水文－气象灾害预警系统复杂的多。因此，全球范围内干旱预警系统的开发程度相对比较欠缺。它主要受各监测要素影响，包括各月、每季降雨观测方式、径流、地下水位、积雪，及其他要素、资料使用。要强调建设"以人为本"干旱预警系统的重要性，例如系统应该重点服务于受干旱影响的群体，为他们提供有实际意义的信息。

通常采用的全球循环模型（GCMs）和有关的统计数据方法可以提供未来气候异常预测，使对大范围、大时间尺度（月、季）干旱的开始时间、严重程度、发生历时预测结果的使用价值得到保障。预警系统预测时间一般需要从几周到数月要求不等。例如，东非一些国家建立的干旱预警系统，能够整合各种来源的信息，及时提供干旱开始发生预警信息。在非洲，由世界气象组织和经济委员会资助的，类似 IGAD 的气候预测与应用中心（ICPAC）和设在哈拉雷的干旱监测中心（DMC）等地区性机构中心，在全国提供水文和气象服务，提供当前数据、开展气候预测、发布预警信息。

一些发展中国家，干旱和其他气象灾害有时会造成饥荒和粮食严重短缺。FAO 全球粮食和农业信息预警系统（GIEWS）是世界上最完善的系统。还有其他系统，包括 USAID 负责的饥荒预警系统（FEWS NET）也是重要的系统。FEWS NET 工作重点放在非洲，当然还包括中亚、中美洲、加勒比海部分地区。非洲一些发展中国家的粮食安全预警系统利用了国际粮食安全监测系统的信息。

在乡村许多地方，还保留传统的监测和预测资料作为气候信息的重要来源。由于传统监测和预测方法具有一定科学根据，越来越受到欢迎，人们更加关注将传统方法与现代方法融合，开展气候预测。有些国家，如赞比亚和肯尼亚，已经开展这方面研究，进一步增加对传统预测方法的了解。

6. 提高干旱监测与预警能力

从事科研和规划的人员应该共同合作促进干旱监测和预警系统的建立，从而提高系统的能力。

这项工作包括培养中央政府和规划部门的能力，促进基础设施、科学技术、机构能力的可持续发展，开展自然灾害研究工作，对干旱进行监测、分析，绘制干旱分析图，如果有条件应开展干旱预测、脆弱性和干旱影响分析工作。应支持和改进干旱数据库建设，促进全面的、公开的数据交换和发布，推动国际、区域、国家、地方范围内开展干旱评估、监测、预警活动。

有些国家和地区缺乏足够的监测设施，无法监测到影响干旱发生的因素，如降水、地表径流量、地下水位，干旱预警系统只能依靠干旱影响发挥作用，如市场波动（粮食价格上涨、家畜销售情况）、健康指标（营养不良或患病人数增加）；人口或动物迁移或其他社会指标。应该鼓励当地团体参与干旱工作，提高对干旱监测和预警系统的认识，制定适合当地实际情况的干旱指标，检验干旱发生过程，向当地居民发布干旱预警信息。应该持续开展网络建设工作，支持边界和地区气候和预警信息共享工作。

7. 监督与评估

规划人员应该制定绩效考核指标，规定监督程序，借助社会科学研究团体和利益相关者力量，衡量干旱风险识别、影响评估、提高干旱风险认识和知识水平工作的开展情况，进一步有效落实防治措施。通常，监督与管理工作由自然科学家和政策制定者负责，但社会学家和非政府组织是联系利益相关者重要纽带，利益相关者直接受干旱影响，他们将从减少风险影响中获益。社会学家和非政府组织是提高社会学能力和进行政策分析的专家能手，他们应该研究和落实风险评估方法。监督与评估风险影响评价工作，需要对基础性工作和案例研究进行广泛审查，与受影响利益相关者进行广泛商讨。

3.3.4 提高干旱认识、加强干旱信息管理

当前，世界在应对干旱风险中掌握了丰富的减少灾害风险的知识、储存了大量相关信息。通过提高认识和加强教育，以积极方式收集、处理、共享、使用这些知识和信息，使人们能够在信息畅通的基础上做出决定和采取措施，更好地保护自身、财产、生计安全，免受自然灾害袭击。

3.3.4.1 指导原则

一般运用下列原则提高干旱认识、加强干旱信息管理：

（1）如果人们能够及时得到信息、积极营造防灾和从灾害中恢复的文化氛围，干旱影响就能大大减轻。

（2）提高信息管理和交换的效率需要加强灾害研究人员、执行人员、利益相关者间的对话和工作联系，建立协调的知识积累体系、加大有实际意义信息的宣传力度。

（3）制定和开展提高公众意识计划，清楚了解当地的观点和需求，鼓励媒体参与；营造灾后恢复的氛围，使社区积极参与旱灾恢复重建。

（4）为了减轻干旱风险，应当在全社会开展教育和培训工作。

3.3.4.2 营造干旱预防和恢复的氛围

提高干旱管理能力，面对诸多挑战。包括：如何提高灾害管理机构的科研人员和政策制定者对干旱灾害的认识和重视程度。由于干旱具有发生缓慢、缺少结构性影响特点，往往被忽视。正是由于某些管理者缺乏干旱是自然灾害的认识，很多情况下，妨

碍了获得足够资金支持和科研帮助。由于缺乏对干旱认识，造成不重视干旱工作、忽视了干旱深远影响的后果。

尽管每个地方出现干旱的特点各有千秋，但干旱可以随处发生。因此，给干旱下定义非常困难，它取决于地区、需求的差异，还与学科研究角度有关。根据文献记载，有多种干旱定义，利比亚给出的干旱定义是当年降雨量小于 180mm 时发生干旱，而巴厘岛的干旱定义是只要 6 天不出现降雨就发生干旱。完善对各种干旱类型的认识、提出各种干旱定义和气候供水指标满足各部门实际应用的各项需求，是提高干旱认识的重要工作。

应消除对干旱本质和抗旱过程中社会能力的误解。多数人认为干旱仅仅是一种自然现象。但与其他自然灾害一样，干旱包括自然、社会、经济因素。有些社会因素决定了人们的脆弱性。这些因素包括发展水平、人口增长速度、人口分布变化情况、人口特性、对水资源及其他自然资源需求、政府政策（对资源的可持续和不可持续管理）、技术革新、社会行为方式、对环境意识和关注程度的走向。显然，周密的政策、完整的防治规划、有效的减灾工作能够极大地减轻社会对干旱的脆弱性，从而减轻干旱风险。世界各地迹象表明干旱给发展中国家和发达国家造成损失逐渐攀升，尽管这种迹象还没得到完全证实。同时，干旱造成影响越来越复杂。很明显，为了减轻干旱影响在干旱防治方面的投入将会产生巨大效益。

创造预防干旱和灾后恢复环境需要向社会灌输下列信息：

（1）干旱是自然灾害，它影响广泛。

（2）干旱是气候现象，应该对干旱实施管理。

（3）应该采取主动措施减小干旱风险。

（4）干旱发生之前的防治措施比干旱发生后采取行动更加经济有效。

很多国家逐渐认识到干旱规划的潜在效益。政府制定政策和规划弥补过去工作中的不足之处。在过去 20 年中，干旱防治工作已经取得显著进步。作为应对干旱的危机管理方法已经有几十年的发展历史，它植根于文化土壤中，体现在各国包括发达国家和发展中国家的管理体制中，从干旱危机管理向风险管理的转变必然需要成功范例作支撑。

在危机管理方法下，依靠政府援助计划解决干旱影响问题已经成为司空见惯做法。许多政府开始认识到采取紧急援助方式来应对干旱，无法解决实际问题，某弊端是措施不得当、行动不能持久、自救能力被削弱。通过人力资源的投入提高几代人的能力水平比其他方面的投入和减少风险措施有更深远的意义。

政府有责任持久开展提高公众对自然灾害和风险认识的工作，制定使该项工作在地方长期进行下去的机制。他们还必须在短期、长期政策制定中支持地方能力建设，使大家了解干旱风险知识和有关信息。当这些观念在社会扎根后，人们将不断增强实施减小干旱风险措施的责任感。

3.3.4.3 提高信息管理和交换效率

提高信息管理和交换效率，需要收集有关灾害、脆弱性、能力方面信息，对这些信息进行整理和发布，将这些知识纳入提高公众减小干旱风险意识活动中。只有加强信息发布者和用户之间的互动才能提供有使用价值信息，为确保信息合理使用提供帮助。要使大家清楚了解干旱预案中的思路和要求，这些思路和要求应反映出当地条件，是针对社会各领域，包括决策者、教育工作者、专业人士、大众、生活在受威胁地区的人们。

在这些工作中，必须明确谁是信息使用者，了解他们具体需求，这样才能使设计的计划、提供的信息和技术有实用价值，并得到应用。广大民众应该通过各种渠道获得各种信息。所提供的干旱风险信息和减灾方案应该通俗易懂，特别应该使处在高风险地区的民众能够理解。从而鼓励大家采取行动减轻风险，建立灾后恢复型社会。在此过程中，媒体的参与也非常重要，他们可以激发大众培养灾后恢复作风、增强社区长期开展提高觉悟活动和在社会各级部门开展公众协商的工作。

3.3.4.4 教育与培训

开展减小灾害风险教育是公众和科研机构间相互学习过程。涉及内容远比在大中小学校正规教育和培训课程丰富。它需要运用传统智慧和当地知识来抵抗自然灾害，还需要大众媒体积极参与，做到信息畅通。只有当政策制定者、科研人员、媒体、大众及时得到信息，积极主动参与灾害预防和恢复型社会建设时，干旱灾害才能彻底减轻。应该在社会面对干旱灾害表现脆弱的每个领域开展长期教育工作。

教育是社会生活中与人沟通、调动大家积极性、动员人们参与的重要手段。提高干旱风险认识需要在教育初期开始，这样才有利于减少灾害型社会的建设。通过规范化教育和专业化培训才能应对各种灾害风险问题，此项工作才能不断加强，此项事业才能在后代人得到传承，这也是知识积累与管理的组成部分。

1. 减少自然灾害教育

世界各地开展的减少自然灾害风险教育项目都有中心主题。譬如，联合国国际减灾战略处的秘书处、合作伙伴在 2006～2007 年度世界减灾活动中共同开展了灾害风险教育和保护学校设施安全的两个主题活动。此项活动题为"减小自然灾害从学校做起"，目的在于将政府、社会、民众动员起来，让他们及时掌握灾害情况，保证减小灾害风险知识真正纳入处在高风险地区学校课程中，确保新建、改建校宿能够抵御自然灾害破坏。此项活动主要合作伙伴有 UNESCO、UNICEF、ActionAid、International、IFRC。ISDR 系列主题是关于知识和教育。

联合国国际减灾战略处、合作伙伴还设计了关于知识和教育的系列主题和平台。工作小组明确，要通过开展教育、传授知识、不断创新的活动，在减小灾害风险工作中取得好的实践方法，并对这些实践方法进行检验。2006 年 7 月发布了题为"让我们孩子教育我们—教育和知识在减小灾害风险作用回顾"的综合报告。该报告提供了通过开展正规或非正规教育创造减小灾害风险型社会的基本要素、实践方法和操作工具。

若干非政府组织也开展了教育和能力建设工作。例如英国牛津饥荒救济委员会的"凉爽的星球 Cool Planet"在线教育模块针对地球上所有公民，内容包括了解像干旱这样的自然灾害和减小干旱社会脆弱性的措施（www. oxfamlorg. uk）。英国牛津饥荒救济委员教育发展小组在深入了解了英国、苏格兰、威尔士教师意见基础上，设计了教育模块。生活在英国、苏格兰、威尔士年龄在5～16岁学生是教育模块主要读者，其他人士如果对此感兴趣也可以获得信息。

2. 减小干旱风险教育

由美国国家干旱减灾中心（NDMC）建立的一个网站，作为信息交换平台（www：//drought. unl. edu）提供公开信息，内容包括干旱规划、干旱监测、干旱风险与影响评估、干旱管理方案。NDMC 人员还为来自世界各地学员提供与干旱议题有关各种高级培训。

一个实例是英国国际发展署（DFID）资助的项目。在项目研究中，巴西科学技术研究院和英国伯明翰大学的研究人员主要在巴西东北部地区开展农村水资源可持续利用、环境教育作用、性别作用的研究。

巴西东北部开展的百万蓄水池项目又是一个将减小干旱风险行动与教育相结合的实例。当地收集雨水已经成为抗旱的一项重要手段。P1MC，即项目名称，不同于以往实施的减灾措施，项目不仅重视贫困人口需求，还强调教育的重要性，教育为所有行动的基础。在此背景下，该项目开阔视野，拓宽了以可持续方式管理半干旱地区生态系统的实践方法。鉴于这些因素，可以肯定该项目是以长期减灾措施为基础，把发展教育放在优先于技术开发位置。当地居民（妇女和男性）参加了水资源管理培训，他们亲自动手也学会了如何修建蓄水池。当地非政府组织、政府部委合作负责项目的实施，项目最初由世行资助，后来陆续收到巴西联邦银行、国际非政府组织、私人资金援助。应该不断拓展这些创新式教育项目，并进行监督，将在减小干旱风险中取得经验整理成文字，与大家共享，推动工作的不断进步。

3.3.5 提高干旱防治措施的效率

防治干旱灾害的目的是减小干旱脆弱性、创建干旱恢复型社会。干旱发生前，可以采取在部门内部建设干旱恢复性系统的减灾行动，使干旱发生后将影响降低到最小。有些减灾行动可能要求人们生活作出微小调整，但有些行动要求对人们生产、生活的基本要素重新评估和调整。其中，减灾的一个重要手段是编制干旱预防和紧急预案，详细说明个人、责任机构在干旱发生前后应该采取的措施。政策制定、机构能力建设、准确的干旱风险识别和预警系统、提高干旱意识和加强知识管理是提高干旱防治效率的基础。

如果干旱管理部门、社会大众、社区具备提高干旱管理的知识和能力，做了充分的准备，随时可以采取行动，则完全可以减轻旱影响和损失。应该认识到干旱防治方法在减小干旱影响和程度上要比紧急应对方法更有效。

1. 指导原则

（1）防治是减灾的中心工作，减灾不能单单依靠紧急应对措施。

（2）应该在负责减灾、灾害响应人员中开展对话、信息交流、协调。

（3）在选择干旱防治措施中应该考虑多项因素，如环境和自然资源的综合管理、社会经济协调发展、土地利用的合理规划、气候变化应对措施。

（4）干旱防治措施有效实施需要自上而下与自下而上相结合的方法。

（5）干旱防治措施有效实施要求加强机构能力建设、建立协调机制、明确地方需求、本土知识利用。

（6）灾害的监测和预警是灾害预防的重要工作，必须与正确减灾风险行动相联系。

（7）干旱减灾措施需要长期资源供给作保障。

2. 选择干旱防治措施应考虑几点

（1）需要在各类人员之间开展对话、信息交流、合作、达成共识。经验表明有效防治措施的显著特点是各类人员和团体在一定程度上采取合作。要避免工作中出现空白、重复或并行开展活动和重复组织安排。应该统一认识，明确规定和遵守各自职责和任务、活动范围，建立问责制度。不同政治、文化、社会经济环境决定了机构设置，包括适应具体环境的协调机制。信息交流是开展协调活动和干旱防治的重要基础。

（2）有效的干旱管理，要求干旱减灾、干旱预防和干旱响应行动的统一。干旱响应措施往往会对人们的生产和生活产生直接影响。例如，粮食和现金直接发放给个人可以救济人们的生活、给生计带来短期利益。但这也会滋生依赖性和新的脆弱性，无法从根本上减轻干旱的脆弱性。因此，等下次干旱发生时，这些受救助的人们可能会经历相同境遇或处境更加艰难。尽管干旱救助是重要的安全网，往往是政治呼吁的结果，但它没将重点放在减小干旱风险上。风险管理方案的选择和评估，必须考虑众多约束条件和存在的问题。这些约束条件可能包括时间、财力资源、人力资源、地理、可行性、脆弱的程度和本质、受影响社区土地所有人的态度和愿望、法律法规、公众接受程度、能力等各个方面。评估中还必须考虑诸如性别、年龄、社会经济发展能力等社会因素。妇女、儿童、老年人、穷人尤其是干旱影响下的弱势人群。要格外关注这类人群和他们的生活，使他们基本上能应对干旱。

（3）干旱减灾和响应行动应该填补公众卫生、经济发展、环境管理、气候变化适应方法等方面的空白。例如，如果采取合理方法，将干旱风险减灾规划纳入卫生部门的工作中，可以收到长期回报。对此，规划人员可以帮助卫生部门推动干旱对卫生健康影响监测能力提高方面的工作，从而帮助干旱受害者防治干旱。应保证粮食安全，确保社会从干旱灾害中恢复过来。有关经济发展，规划人员应该鼓励居住在高风险地区人们广开收入渠道，减轻人们干旱脆弱性，确保他们的收入和财产免受威胁，不至于随着干旱程度加剧、脆弱性增强而使人们收入减少、财产损失。这些工作应该与金融手段改革、风险共享机制的建设、特别是抗旱保险机制的建立齐头并进。恢复重建工作与针对特殊情况建立的安全网，两者兼顾并用为减小干旱风险提供了平衡方法。

近些年，人们越来越强调可持续性问题，把它作为建立更加稳定灾害恢复系统和减小自然灾害影响的必要条件。因此，规划者应该鼓励生态系统的可持续利用和管理，其中包括土地利用的合理规划、开展减小干旱风险活动。一些大型开发项目在规划中应该将干旱风险列入主要考虑范畴，这些大型项目包括移民安置点建设、城市发展项目、供水项目及供水调度与管理。

（4）总之，减小干旱风险策略必须客观现实，与社会、环境发展相协调。这项工作必须在能够产生实际意义、在需要采取行动的任何地方开展，无论是国家、省、市级任何地方。在选择合理行动时，利益相关者可能会提出下列问题：

1）采取的行动能否公平解决受灾害影响个人、团体提出要求？

2）采取行动的成本效益比？

3）利益相关者认为哪些行动是可行的、合理的？

4）哪些行动对当地环境易产生影响（如：可持续方法）？

5）这些行动是否强调了真正综合因素，充分减轻相关影响和脆弱性？

6）行动是否针对短期或长期的解决办法？

3．防治方法

目前，经过检验的用于确定合理减小干旱风险策略的方法还很有限。美国国家干旱减灾中心提出的"如何减小干旱风险"指南，可以帮助大家更好了解各自所在地的干旱风险情况，从而制定适合本地实际情况的减小风险措施。根据这种方法，当完成影响和脆弱性评估明确发生干旱真正主要原因后，应该确定和落实减小风险策略，减小已经明确的脆弱性。美国有些州已经成立了影响和风险评估委员会，帮助确定减小风险可能采取的活动。例如美国的科罗拉多州成立了 8 个评估委员会，代表州内主要行业，分别是：城市供水、野火防护、农业产业、旅游、野生动物、经济作用，能源损耗、卫生健康。内布拉斯加州只有两个委员会，一个代表农业、自然资源、野火行业；另一个代表城市供水、卫生健康、能源行业。亚利桑那州在这方面更往前迈进了一步，成立了地方干旱影响小组（LDIGS），协调开展提高公众干旱意识，向州、市领导提供影响评估材料，启动和落实地方减灾和响应方案等方面的工作。

美国几个州提出的减灾和响应具体行动可以通过查阅州干旱规划看到。实际上，在过去 20 多年，美国发生多次干旱，有几个州采取了许多减灾和响应行动。据美国国家干旱减灾中心调查显示，州政府明确的 50 多项行动中可以归纳为下列九类：①评估项目；②法规、公共政策；③增加供水、开发新水源；④提高公众意识、教育培训项目；⑤节水和其他与水有关技术扶持活动；⑥降低用水需求、节水项目；⑦紧急响应项目；⑧解决用水争端；⑨干旱应急规划。

由于各州在干旱影响、法规、体制约束、干旱规划、机构设置、部门职责等方面各有差异，所以确定的减灾和响应行动多种多样。总而言之，这些州在干旱规划领域取得明显进步。但是，美国多数干旱规划仍然侧重紧急响应处理方法，而不是减灾措施。美国少数民族部落大部分位于西部极易发生干旱地区，这些地区的政府也致力于干旱减灾规划的编制。例如，作为干旱规划编制过程一部分，美国西南部印第安族群开展了脆弱性分析，提出 4 个值得关注方面：放牧与牲畜、农业、农村供水、环境健康。

除了确定减小部落干旱风险行动外，Hopi 干旱规划还有一个明显特点是确定了责任机构、给出了完成行动时间表、提供了落实行动的经费估算。如，通过增加抽水量、扩大蓄水池容积、提高管道输水能力等具体措施来改造 12 个部落村供水系统的成本估算为 1200 万美元。部落规划在广开渠道筹措资金落实行动的同时，还促进了节水工作开展。

4. 落实干旱防治措施

尽管明确可能采取的干旱防治措施非常必要，但只有采取行动才能收到减小干旱风险的成效。在实施短期和长期措施全面减小干旱风险的行动中，克服障碍的必要条件是促进干旱防治型文化的建设。有几项策略将有助于这种文化的形成，提高实施的可能性。

（1）彰显防治措施的长期效益。如前所述，成本是实施有效干旱防治措施因素之一。干旱防治策略有效制定和实施经常需求资金和机构长期投资。尽管主动的干旱防治措施需要长期才能得到认识，但许多国家正意识到更加主动干旱防治措施的长效性和带来的高回报率。为了说明这个概念，有必要对比分析干旱防治措施与干旱响应措施的成本效果。显露出的长期成本与效益将会帮助促进把资源有效地投入到减小风险策略中。干旱是气候的一种自然属性，在富足时不应被忽视。

（2）展示防治措施的时效性。不仅需要对干旱防治成本与效益作出评估，还需要对措施本身时效性进行评估。有必要证实和展示干旱防治有效方法，包括开展案例研究，通过实例揭示政策的优势与缺陷。政策制定者、科技人员、媒体和大众需要经常查看"行动落实到工作之中"的执行情况，目的在于引入类似的工作。

（3）将干旱减灾纳入干旱响应工作中。尽管干旱对当地人们生计是惨痛的，但干旱也开启了"机会窗口"，培养长期减小干旱风险的能力，包括分享专业技能与知识、共享取得的经验。为了改善恶劣状况，可以对资源预先配置，当干旱发生时，使这些机会的利用最大化。当政治意愿强烈、受影响人们牢记干旱时，长期干旱防治活动可以纳入干旱响应和恢复过程中。例如，在萨尔瓦多开展的干旱响应与减灾项目，对 1998~2001 年间发生在萨尔瓦多干旱现状做出反应。项目主要开展两方面工作：一是迅速提供干旱救助；二是实施新型耕种技术，目的在于增强当地长期可持续发展。

（4）建立合作机制和培养社会的主人翁感。在减小干旱风险工作中，通过建立积极参与的专用机制和培养利益相关者的主人翁感，特别是培养义务奉献精神和个人责任感，也可以更好落实干旱防治措施。这需要来自政府、非政府、地方团体的行业和合作伙伴间开展合作和信息交流，其中包括建立公共民营伙伴关系，使私营部门积极参与减小干旱风险工作。鼓励私营部门内部打造减灾文化，重点强调做好干旱预防工作，为干旱预防工作配置资源，例如开展风险评估和建立预警系统。干旱是一种复杂现象，会对许多团体和行业造成影响。用全面方法解决干旱问题要求与利益相关者的工作相协调，发挥最大效率，使冗余降到最低程度、尽可能避免目标之间的冲突。

（5）总结和提高减小干旱灾害能力。许多政府和地方部门可能不具备为社区层面制定和协助开展减灾措施的能力和资源。需要努力提高这些部门的能力，更全面地探索和落实减灾和响应策略。其中包括总结全国识别、评价、落实灾害防治措施的能力。为了制定和落实公平的、社区为基础的解决方法，也必须具备评价能力和将本土知识、能力和需求纳入干旱防治策略的能力。各级规划应该相互协调、涵盖各个方面。找出能力中差距，应该有资源和技术投入，用于弥补这些差距。为了保持这些工作长期开展，将需要对能力建设和干旱防治活动作出合理的、长期的财政和技术投资。

（6）明确干旱防治职责。如果在干旱规划中对干旱减灾和响应行动有明确要求、行动实施中各部门分工明确，那么行动更有可能得到落实。提供的预警信息应该与采取的减小干旱影响行动联系起来。例如，干旱规划可以具体规定正常起始点、干旱早期、干旱发生期、干旱恢复期不同阶段采取行动。规划也应该明确行动落实中各部门履行的职责。对这些分工的落实可以是建议性的开展，不做硬性要求，也可以作法定要求，视情况而定，但另一方面，主要是培养对这些行动的责任感。

（7）减小干旱风险的资源分配。干旱是一种主要自然灾害，是给人类和环境带来各种严重后果的催化剂。为了减小这种威胁存在的风险，需要人力、技术、财力的长期投入保障。

政府、私营部门、其他利益相关者需要考虑到干旱作为一种主要自然灾害，合理分配资源减小干旱风险。许多研究显示在自然灾害防治策略投入的成本效益要比单单依靠开展响应活动高。因此，任何在减小干旱风险、减灾、预防措施上的投入都是有收益的。政府部门和其他利益相关者应该在预算中拿出足够资金用于开展有深远意义的减小干旱风险的工作。

5. 监督与评估

应该制定标准和里程碑判定防治措施是否有效、是否在防灾、减灾中取得成功。制定的标准中应该包括用定性和定量措施对不同范围、不同领域进行评价的方法。这包括：

（1）利用农业观测数据分析预警信息在减轻干旱对农业生产影响中的作用。

（2）增加有干旱减灾指令性任务的机构。

（3）加大预警系统和紧急预案的开发和应用。

（4）选择干旱易发区，验证、试点研究节约资源的新技术。

4

干旱的脆弱性分析与管理策略制定

4.1 干旱脆弱性分析

干旱是一种自然灾害，但干旱最终造成的灾害损失程度是自然与人类活动共同作用的结果。这就是说，人类的社会、经济活动，特别是利用和影响水资源状况的行为，包括干旱管理行为，有可能使干旱灾害减轻，也可能使干旱灾害加重。因此，为了制定更科学、合理的干旱管理策略和措施，首先应加强对干旱的了解，同时要分析因人类活动所引起的社会、经济和环境对干旱的脆弱性，特别是要对造成这些脆弱性的原因进行认真的分析，从而使干旱管理有利于改善这种脆弱性，提高抵御和减少旱灾损失的能力，脆弱性分析是制定干旱管理策略和措施的基础。

根据联合国国际减灾战略处（ISDR）的定义，干旱的脆弱性取决于受旱地区的基本建设、社会、经济、环境因素及变化过程，它增加了社会对灾害影响的易感性。影响干旱脆弱性的因素很多，如：水利基础设施条件，人们对干旱的了解程度，干旱管理的意识，干旱管理的能力，科学技术水平，社会、经济政策的弊端，对水、土地资源及其他自然资源不合理、不可持续的利用与管理，生态系统的退化，脆弱的经济，贫困人口极其脆弱的生计等。脆弱性分析将注意力直接放在产生脆弱性主要原因上，重要的是了解和分析环境、经济、社会诸方面的综合因素或主要原因。一个完整的脆弱性分析要对脆弱性的整体宏观状况和局部微观状况做出全面的评价。

一个地区对干旱的脆弱程度取决于该地区社会、经济和环境的特性，用干旱中生存能力衡量，生存能力包括预测、应对、抵抗干旱的能力和从干旱中恢复的能力。如，当地人如何维持生计和生计状况，财产基础是否雄厚，能否度过持久干旱，掌握这些动态是了解脆弱性，做出合理响应的必要工作。

更好地掌握脆弱性的一个途径是通过生计方法，特别是如果收集到宏观和微观状况、趋势和变化的信息，效果更好。这对于帮助个人、家庭、社区获得和维持谋生之道，缓解干旱对生活和生计的影响具有很大的意义。生计方法的根本是将人作为分析中心，是跨行业的，要考虑经济、政治、文化因素。了解资产基本情况也非常重要，包括有形资产，如土地、牲畜、人类资本、社会资本。家庭的资产基础越雄厚、资产种类越多，干旱恢复能力就越强、调整生计方式的能力就越高。生计方法为将这些因素全面考虑在内的脆弱性评价提供了有价值的工具，从而了解干旱对人们可能产生和实际产生的影响。

本章主要是对我国总体情况的干旱脆弱性分析，并在此基础上提出干旱管理的基本策略。在各地区的实际干旱管理中，应针对本地区的具体实际，进行本地区的干旱脆弱性分析，在此基础上制定干旱管理的具体策略和措施。

4.2 我国农业干旱的脆弱性分析

一般情况下，干旱的发生首先影响的是农业。我国的农业（包括林业、牧业、渔业等）也是受干旱影响最频繁、最严重的产业。农业对干旱的脆弱性，涉及国家的粮食安全、农民的生计、农业经济效益和农业产品的多样性。

4.2.1 粮食安全的干旱脆弱性

我国是一个人口大国，按照《中国 21 世纪人口、环境与发展白皮书》，计划到 21 世纪中叶把中国人口稳定在 15 亿～16 亿人。巨大的人口压力，保证粮食安全始终是国家的头等大事。保证我国粮食安全，一方面是保证全国人民粮食的基本自给，不造成单方面对粮食进口的依赖；另一方面是避免在干旱年份造成粮食的大幅减产和储备不足，从而造成短时间对粮食进口的大量需求。对于我国这样的人口大国，无论是长期的还是短期的大幅度粮食进口依赖，都会造成国际粮食市场的剧烈变化，粮价会大幅飙升，从而使我国蒙受巨大经济损失。我国大量进口铁矿石所造成价格的成倍增长，已说明了这一点。如果粮食出现进口依赖，问题要严重的多。因此，保证粮食的基本自给和粮食产量的稳定，对于整个国家经济、社会的稳定和发展是至关重要的。

根据第 2 章表 2.1 和表 2.2 的统计数据，我国大陆 1949～1960 年的平均粮食年产量是 1.6 亿 t，1991～2000 年的平均粮食年产量 4.7 亿 t，增长了 2.9 倍。同期我国大陆人口由 6.1 亿人，增加到 12.1 亿人，增长了 2.0 倍，粮食的增长速度超过了人口的增长，从而自改革开放以来解决了人民的温饱。2009 年我国粮食产量 5.3 亿 t，人均占有粮食 0.4t。

根据表 2.1 和表 2.2 的数据，1949～2000 年，平均每年干旱所造成的我国粮食减产率为 4.2%。按干旱造成的粮食减产率排序，前 10 位的是，2000 年减产率 11.5%，1997 年减产率 8.8%，1961 年减产率 8.2%，1988 年减产率 7.4%，1960 年减产率 7.3%，1989 年减产率 6.4%，1999 年减产率 6.2%，1978 年减产率 6.2%，1986 年减产率 6.1%，1959 年减产率 6.0%。干旱造成粮食减产最严重的是 2000 年，当年的全国粮食产量 4.62 亿 t，减产 0.6 亿 t，减产率 11.5%。

根据历史数据的变化趋势可以看出，干旱造成的粮食减产率在逐年增长。在 1949～2000 年的 52 年中，排在前 10 位的最严重干旱年，有 7 年发生在近期的 26 年中，只有 3 年发生在前 26 年（发生在 1959～1961 年的连续 3 年严重自然灾害中），而排在前 2 位的最严重干旱都发生在近期。建国初期 1949～1960 年平均每年因干旱造成的粮食减产率为 2.8%，而 1991～2000 年达到 5.0%。干旱的影响在逐年加重。

从上述各方面数据的总体情况看，通过党、国家和全体人民几十年的努力，目前情况下我国粮食的总体状况是安全的。但是，到本世纪中叶我国人口将稳定在 15 亿～16 亿人，按 2009 年人均粮食 0.4t 计算，全国粮食年产量需达到 6 亿～6.4 亿 t，如何稳定地保证这个规模的粮食生产，仍面临着巨大的挑战。而耕地资源和水资源的有限和脆弱性，以及日趋严重的干旱影响使这种挑战更加严峻。

从耕地资源情况看，随着经济的快速发展，特别是随着城市化进程加快，城市建设、公路、铁路、机场等基本建设形成了大量的土地需求，致使我国近年来耕地面积不断的减少，而且所占用的大都是优质良田。1996 年全国耕地面积 19.51 亿亩，到 2005 年减少到 18.31 亿亩。平均每年减少 0.13 亿亩。我国土地资源的稀缺性日趋严重，国家正在力保 18 亿亩的耕地红线。但由于耕地用于粮食生产和用于其他用途的经济效益差异，保证基本耕地面积首先就是一个巨大的挑战。

从水资源情况看，水资源的短缺同样在严重威胁着我国的粮食安全。表 4.1 反映了 1980～2008 年全国水资源利用状况。2008 年全国水资源利用量比 1980 年增加了 1473 亿 m^3，增加了 33%。使水资源的利用率由 1980 年的 15.8% 增加到 2008 年的 21%。严重的问题是，2008 年，整个北方的松辽、海河、黄河、淮河和内陆河 5 个流域片，水资源利用率已经达到 48.9%，其中海河流域的水资源利用率高达 88.2%、黄河流域高达 51%，如此高的水资源利用程度，已造成严重的环境问题。根据 1990 年的统计，上述北方 5 个流域片的粮食产量占全国粮食总产量的 52.5%，北方地区水资源的高度利用对粮食安全构成很大威胁。

表 4.1　　全国及主要缺水流域水资源利用情况表　　水量单位：亿 m³

区域	水资源总量	用水量			利用率（％）		
		1980 年	2000 年	2008 年	1980 年	2000 年	2008 年
全国	28124.4	4436.9	5497.6	5909.9	15.8	19.5	21.0
南方四区	22766.2	2251.0	2959.8	3288.0	9.9	13.0	14.4
北方五区 其中：	5358.2	2185.9	2537.8	2621.9	40.8	47.4	48.9
海河流域	421.2	383.9	398.4	371.5	91.1	94.6	88.2
黄河流域	743.7	358.4	391.4	384.2	48.2	52.6	51.7
内陆河	1303.9	558.7	578.8	641.3	42.8	44.3	49.2
松辽流域	1928.5	353.7	617.65	613.7	18.3	32.0	31.8

注　1. 表中南方四区包括：长江流域、珠江流域、东南诸河、西南诸河北方五区
　　　包括：松辽流域、海河流域、黄河流域、淮河流域、内陆河。
　　2. 表中 1980 年数据引自水利电力部水利水电规划设计院编写的《中国水资源
　　　利用》，水利电力出版社，1989 年 2 月出版；2000 年和 2008 年数据引自国
　　　家水利部编制的《中国水资源公报》。

　　另外，从农业的用水量及在各行业用水中所占的比重看，进
一步反映了问题的严重性。表 4.2 给出了 1980～2008 年全国各
行业用水量及所占比重的变化情况。2008 年与 1980 年相比，工
业用水增加了 2.06 倍，生活用水（包括第三产业用水）增加了
1.6 倍，而农业用水量不仅没增加，反而略有减少。农业用水占
各行业总用水的比重由 1980 年的 83.4％降低到 2008 年的
62.0％。与土地资源的情况类似，由于水资源被用于其他行业会
收到更高的经济效益，使有限的水资源被更多的配置到农业以外
的用途。

　　水资源的高度开发利用和水资源被更多的用于农业以外的行
业，增加了我国农业和粮食安全对干旱的脆弱性。按自然条件，
我国领土辽阔，南北跨越纬度近 50 度，虽然由于大气环流的波
动，每年都会有不同气候带的不同地区发生不同程度的干旱，但
东方不亮西方亮，未受干旱影响的地区还是能保证全国粮食产量
的基本稳定。在全国的统一调配下，保证了目前粮食的基本安

表 4.2　　　　　**全国各行业用水量及用水比重表**　　　　水量单位：亿 m³

项目	1980 年		2000 年		2008 年	
	用水量	用水比重	用水量	用水比重	用水量	用水比重
总用水	4436.9	100	5497.6	100	5909.9	100
农业用水	3700.4	83.4	3783.5	68.8	3664.1	62.0
工业用水	457.0	10.3	1139.1	20.7	1400.6	23.7
生活用水	279.5	6.3	574.9	10.5	726.9	12.3
环境补水	—	—	—	—	118.2	2.0

注　表中 1980 年数据引自水利电力部水利水电规划设计院编写的《中国水资源利用》，水利电力出版社，1989 年 2 月出版；2000 年和 2008 年数据引自国家水利部编制的《中国水资源公报》。

全。但是，随着水资源的高度开发和利用，降低了流域对水资源的调蓄能力，造成了干旱时期水资源可利用量的进一步减少，从而增加了各流域农业生产对干旱的易感性，这就从总体上降低了全国的粮食安全程度。如前所述，近年来干旱造成全国粮食减产率在明显加大，特别是北方地区，水资源量的偏少和高度利用，使粮食生产的脆弱性明显增加，进一步的发展会使干旱对我国粮食安全造成更大的威胁。

4.2.2　农民生计的干旱脆弱性

自 1978 年改革开放以来我国城乡居民的收入和生计状况已发生了很大变化，生活得到了很大改善。根据国家统计局发布的《2009 年国民经济和社会发展统计公报》，2009 年全国农民人均纯收入达到了 5153 元，农村居民家庭食品消费支出占消费总支出的比重为 41.0%，按 2009 年农村贫困标准 1196 元测算，年末农村贫困人口为 3597 万人。表 4.3 反映了 1978～2008 年城乡居民收入水平的变化的情况。在这 30 年中，农村居民纯收入增加了 34.5 倍；城市居民收入增加了 45 倍。同时，表 4.3 还反映了农民与城市居民收入在进一步拉大，农民的收入水平还普遍偏低。

表 4.3　　　　农村居民和城市居民收入变化与对比情况表

年份	城市居民可支配收入 （元/人）	农村居民纯收入 （元/人）	城乡比值
1978	343	134	2.6：1
1988	1181	545	2.2：1
1998	5425	2162	2.5：1
2008	15781	4761	3.3：1

注　引自《中国统计年鉴 2008》,《中华人民共和国 2008 年国民经济和社会发展统计公报》。

　　由于自然条件的差异，我国农民的生计状况有着比较大的差异，由于目前还缺少 2007 年以来的数据，用 2006 年数据来分析这种地区性差异。根据表 4.4 对 2006 年全国不同地区农民人均纯收入的统计数据看，占全国农村人口 24.3% 的西部地区农民年人均纯收入仅为 2588 元，相当于全国平均水平的 72%；占全国农村人口 56% 的西部和中部地区，农民人均纯收入为 2979 元，相当于全国平均水平的 83%。按照我国农民纯收入的定义，农民纯收入包括：农民家庭成员中的职工工资收入；农民家庭经营纯收入；财产性收入，包括利息、股息、租金等收入；转移性收入，包括农村相互赠送的收入。从目前实际情况看，对于大多数农民家庭来说，主要的经济来源是经营纯收入。对这样的农民家庭来说，收入水平会更低。

表 4.4　2006 年农村人均纯收入的地区分布及构成情况统计表

地区	农村人口 （万人）	人均纯收入 （元/人）	经营纯收入（元/人）			
			第一产业	第二产业	第三产业	合计
东部地区	28340	5188	1490.5	253.7	507.7	2251.8
中部地区	23083	3283	1526.1	105.9	237.6	1869.5
西部地区	17896	2588	1388.2	37.8	162.8	1588.8
东北地区	4423	3745	2252.6	27.4	155.2	2435.2
全国	73742	3587	1521.3	121.7	288.0	1931.0

注　引自《中国农业部 2007 年中国农业发展报告》。

根据表 4.4，从农民经营性纯收入看，全国农民人均第一产业的收入占总经营性纯收入的 78.8%，除东部地区第一产业纯收入占 66.2% 之外，其他地区农民基本上依靠第一产业的纯收入。根据表 4.5，可进一步看出，农民在第一产业的纯收入中，主要依靠的是农业纯收入，全国人均农业经营性纯收入占第一产业经营纯收入的 76.2%。从中可以看出，我国农民经营性收入的单一性和对农业的依赖。

表 4.5　　　2006 年农村第一产业经营收入的构成　　　单位：元/人

地区	第一产业经营性纯收入	农业	牧业	其他
东部地区	1490.5	1091.1	246.9	152.5
中部地区	1526.1	1220.2	218.2	87.7
西部地区	1388.2	1005.7	312.1	70.4
东北地区	2252.6	1931.8	304.1	16.7
全国	1521.3	1159.6	265.6	96.1

注　引自《中国农业部 2007 年中国农业发展报告》。

由于农民的生计主要来源于第一产业，特别是农业，这就使干旱对农民生计的影响十分严重，畜牧业的发展与干旱也有着密切的联系。以辽宁省的朝阳市和阜新市为例，表 4.6 反映了这两个市农民纯收入受干旱的影响情况，1997 年的干旱使两市农民纯收入分别减少了 300 多元。1999～2000 年连续的严重干旱，使朝阳市农民的纯收入由 1796 元减少到 1008 元（减少了 44%），使阜新市农民的纯收入由 2290 元减少到 1058 元（减少了 54%），直到 2003 年才基本恢复到原来的水平。根据朝阳市统计年鉴的数据，严重干旱的 1981 年，朝阳市粮食平均亩产只有 53.7 kg，当年农民人均纯收入只有 24.5 元。

事实上，在中国广大的缺水地区，农民生计对干旱影响的这种脆弱性是极其普遍的。

表 4.6　　干旱对辽宁省朝阳、阜新两市农民纯收入的影响

年份	降水量（mm）	农民人均纯收入（元/人）	
		朝阳市	阜新市
1996	528.8	1833	2067
1997	410.2	1533	1620
1998	651.1	1796	2290
1999	350.7	1449	1769
2000	374.1	1008	1058
2001	433.8	1401	1123
2002	429.0	1644	1592
2003	437.2	1843	2008
2004	438.1	2415	2609
2005	558.7	3002	3090
2006	528.8	3365	2852

注　引自辽宁省统计局编制的《辽宁省统计年鉴》。

干旱对农民的另一个严重影响是造成农村人畜饮水的困难。根据《中国抗旱战略研究》的分析，全国平均每年因干旱造成的农村饮水困难人口在 2000 万～7000 万人之间。2009～2010 年西南云南、贵州、广西、重庆、四川五省（自治区、直辖市）出现的持续严重干旱，使农村人畜饮水困难的问题进一步显现，干旱造成 5 省（自治区、直辖市）2020 万人、1348 万头大牲畜的饮水困难。根据朝阳市干旱灾害年表 2.12 可以发现，每次略严重些的干旱都会造成大量偏远山区人畜的饮用水困难。

4.2.3　对造成农业干旱脆弱性原因的分析

按未来我国 15 亿～16 亿的人口规模，将产生了比现在更巨大的粮食需求，而耕地资源和水资源的极其稀缺，以及粮食生产对干旱脆弱性的加大，构成了对我国粮食安全的威胁。另一方面，如何进一步改善农民的生计状况，降低农民对干旱影响的脆弱性，使其生活水平有一个持续稳定的提高，这在很大程度上决

定了我国未来经济的发展和社会进步。2009年全国乡村总人口7.13亿，占人口总数的53.4％，如何使7亿农民（随着城市化的加快，从事农业生产的人口数量会减少）稳步走上小康之路，是我国发展中的一个重大课题。解决上述问题，对于我国广大缺水地区，也包括水资源条件相对好一些的地区，首先要减少干旱的影响，降低农业对干旱的脆弱性。为此，我们需要对造成农业干旱脆弱性的深层原因进行分析。

1. 农业用水的效率问题

从总体来说，由于我国耕地资源和水资源的稀缺，未来我国的农业，需要基本上采取内涵式扩大再生产，通过提高生产要素的使用效率，来满足全社会的粮食需求和改善农民生计。水资源是农业（包括林、牧、渔业）生产的基本要素，前已叙及，由于水资源利用量的大幅增加和利用程度的提高，增加了农业对干旱的脆弱性，使干旱造成的农业灾害损失日趋严重。而水资源利用量的增加与水资源利用效率有直接关系。为此，我们要从水资源的利用效率来进一步分析造成干旱脆弱性的原因。

根据灌溉用水有效利用系数，我们可以分析目前灌溉用水的效率状况和节水潜力。表4.7给出了2006年全国各类灌溉工程用水有效利用系数和《节水灌溉工程技术规范》（GB/T 50365—2006）确定的标准值。2006年全国灌溉用水平均有效利用系数为0.463。这对于我国水资源严重短缺的状况来讲，水资源的利用效率是太低了。

根据水利部《2008年水利发展公报》，2008年，全国农田有效灌溉面积5847.2万hm²。其中，大型灌区1672.4万hm²，中型灌区1271.6万hm²，小型灌区1186.9万hm²，井灌区1716.3万hm²。2008年全国农业用水3620亿m³。按照2008年全国各类灌溉工程的灌溉面积分布可计算得实现《节水灌溉工程技术规范》（GB/T 50363—2006）标准情况下的全国灌溉用水有效利用系数为0.65。根据2008年农业用水量3620亿m³，若实现标准用水效率指标，可使农业用水减少到2578.6亿m³，节水

1041.4 亿 m³，数量非常可观。

表 4.7　　现状灌溉用水有效利用系数与标准要求比较表

项目	全国平均	大型灌区	中型灌区	小型灌区	纯井灌区
2006 年①	0.463	0.416	0.425	0.462	0.688
标准值②		0.5	0.6	0.7	0.8

① 表中 2006 年灌溉用水有效利用系数来自《全国灌溉用水有效利用系数测算分析》的成果。

② 标准值来自《节水灌溉工程技术规范》（GB/T 50363—2006）。

　　我国北方的农业灌溉，以小麦、玉米等旱田作物的水浇地为主（水田在东北有一定的分布），北方大部分地区缺水严重，应采取更积极的节水技术和措施。喷灌的有效利用系数为 80% 以上，滴灌为 90%。如果北方地区根据各地的实际情况更多地采用这些技术和加强管理，把灌溉用水的总体有效利用系数从目前的 0.463 提高到 0.75 左右，农业用水量就可由 2008 年的 1959.2 亿 m³（数据来自水利部发布的《中国水资源公报 2008》）减少到 1209.5 亿 m³，减少用水量 749.7 亿 m³。相当于减少了 2008 年农业用水的 38.3%。如再加上第二产业、第三产业及生活节水，这将使北方水资源的供需矛盾得到根本的缓解。从而使整个经济、社会、环境对干旱的脆弱性有一个根本的改观。事实上，与我国北方缺水状况相类似的以色列，灌溉水利用系数达到 0.85（数据来自《北方旱作区节水高效型农牧业综合开发研究》中的论文《现代旱作节水农业发展的战略研究》，梅旭荣），我国北方设定 0.75 的指标应该是可达到的。我国平均单方灌溉用水粮食产量约为 1kg，而以色列达到 2.5～3.0kg。在农业节水方面我们应做出更大的努力。

　　2. 农业自然资源的协调利用问题

　　另外，我们还应从自然资源协调利用、农业的经济效益、粮食的多样性等方面进一步分析造成干旱脆弱性的原因。长期以来，为了解决全国人民的温饱问题，我国始终把提高粮食产量作为农业生产的主要目标，为此大量种植玉米、小麦、水稻等高产作物。开垦草原，减少其他作物的种植。这些做法，因违背自然法则，不考虑水、土资源的自然条件，反而使粮食安全、经济效益和农民的生计、生态环境受到损害，使整个社会对干旱的脆弱性增加。

首先，为了更多的生产粮食而对草原的过度开垦，因降水和整个水资源条件不能满足种植业的发展，不仅没有获得更多的粮食，还增加了社会、经济和环境对干旱的脆弱性。根据农业部组织近百位各方面专家学者，对中国草业可持续发展战略研究的成果《中国草业可持续发展战略》的数据，自 20 世纪 50 年代以来，全国累计约 2000 万 hm^2 草原被开垦，其中近 50% 已被撂荒成为裸地或沙地。该研究表明：我国目前以生猪为主的耗粮型畜牧业每年耗粮约占全国粮食消耗量 1/3，若以草食家畜取代 1/3 的生猪，则可节约耕地 2 亿多亩。建设生态型草地农业，有利于提高土地资源的使用效率、维护农田生态安全，增加粮食综合生产能力。草原是重要的战略资源，是我国陆地生态系统的主体和面积最大的绿色生态屏障，具有防风固沙、涵养水源、保持水土、净化空气以及维护生物多样性等重要生态功能，对减少地表水土冲刷和江河泥沙淤积，降低水灾隐患具有不可替代的作用。因此，在种植业和草原畜牧业发展上，应该尊重自然法则，一方面通过水、土资源的协调利用取得更高的经济效益，促进国家的粮食安全和食品的多样性，使农民的生计状况得到持续稳定的改善；另一方面，也保护了生态系统的可持续性。

同时，在草原畜牧业的发展上，由于追求更高的畜牧业产量，过度的放牧超出了草原的承载能力，也造成了牧业对干旱的脆弱性，不仅没有取得期望的收获，反而使草原沙化，造成了草原生态系统的不可持续。

另外一个重要的问题是，在种植业的种植结构上，同样由于追求高产而取得相反的效果。在北方的广大缺水地区，有着丰富的农作物品种，其中很多农作物品种更适合当地的水、土地、日照、无霜期等自然资源条件。如，谷子具有适应性强、耐旱、耐土地贫瘠、适合丘陵山地、坡地种植，且营养价值和商品价值高。谷子的秸秆是良好的牲畜饲料，比玉米秸秆更适宜作为饲草。再如荞麦，由于其生长期短，当发生春旱时，可在较晚的时间种植来减少旱灾损失。种植这些作物对水的消耗量要比玉米等作物小，从而使干旱时期的水资源得到更有效益的利用。但是长期以来，为了追求高产，不顾自然条件的限制，大量的种植玉米等高产作物，在坡地、山地也种植玉米，由于其耐旱性差，在多数年份都得不到好的收成，在干旱严重一些的年份就会绝收。结果是不仅没有获得更多的粮食产量，反而使农业生产和农民的生计在干旱面前更加脆弱。

还有，为了保证粮食的稳产、高产，我们往往盲目地、不顾水资源的条件去扩大灌溉面积和追逐充足的灌溉，结果也是适得其反。当干旱发生并持续较长时间时，这些待灌溉作物就会因得不到水而使粮食大幅减产。事实上，根据水资源条件，在节水的情况下，规划和建设合理的灌溉规模反而会获得更大的粮食产量。同时，在缺水地区，采取缺水灌溉会使有限的水资源产生更多的粮食产量，从而获得更好的边际效益。

事实上，粮食安全的本质是保证全国人民对食品的需求，从这个角度上看，合理的草原牧业发展，更适宜的种植结构，合理的灌溉规模和科学的缺水灌溉，会使人们的食品需求得到更大的满足，包括食品的数量和食品的多样性。同时，会增加经济效益，提高农民的收益和生计来源的多元化，从而减少农民生计对干旱的脆弱性。而且，这将符合自然法则，更加有利于生态系统的可持续性。

3. 农业、水利科学技术与管理水平有待提高

实施节水灌溉，根据自然条件进行农、林、牧、渔的合理发展和调整种植业的结构，从而减少人类社会对干旱的脆弱性，需要科学技术和管理能力的支撑。另外，从总体来说，根据现有资源条件，在不增加干旱脆弱性的情况下，为满足未来人口的粮食需求和改善农民生计状况，进行农业的内涵式扩大再生产，也主

要是依靠提高科学技术和管理水平来实现。我国的农业无论在科学技术上还是在管理上都面临着从粗放型向集约型的转变。

长期以来，很多违背自然规律的做法，反映了对自然了解的不足和科技水平的落后。长期以来，在规划和建设中，很少对干旱进行深入的了解和系统的评估，从而违背了当地的水资源条件，造成严重的后果。虽然也进行了很多农业种子和栽培方法的研究，但缺少对干旱栽培方法、适宜农作物种类及种子、节水灌溉技术和科学灌溉制度等方面具有实际应用价值的研究。对于我国北方缺水地区来说，这方面的研究是极其重要的，应该针对北方地区的自然条件和特点，进行持续的研究。

在管理上，长期以来更多的是一种粗放的管理方式。还缺少建立在科学研究基础上，符合当地自然条件和社会、经济发展要求的科学规划。很多规划和计划往往是粗枝大叶的，想当然的、缺少战略上和细节上的科学思考和论证。我们还缺少精细的、高效的管理。

农民是农业生产的主体，降低整个社会、经济、环境对干旱的脆弱性，减少旱灾损失，实现粮食安全和改善农民自己的生计状况，最终需要农民作出努力。长期以来，缺少对农民应对干旱灾害的能力建设，缺少对农民科学技术的推广和培训。同时，更多的是对农民的宣传，而缺少向农民提供生产和市场资讯。当干旱发生时我们缺少针对农业干旱的监测、预警和向农民的信息发布，这都造成了农民面对干旱的脆弱性。

另外，加强农业、水利科学技术的研究和管理能力的提高，需要一定的科学技术和管理投入，这方面的投入不足也是一个基本问题。

4. 农村和农业的基本建设及投入问题

农村和农业基本建设的状况，在很大的程度上决定了农民、农业的干旱脆弱性。

在同等干旱的情况下，城市居民能够保证基本生活供水，而农村居民会出现人畜饮水困难，这种农民人畜饮水对干旱的脆弱性主要由两方面的原因造成。一方面，是由于一些偏远山区村落不具备现代生活的基本自然条件，偏严重一些的干旱就会使其生活用水困难；另一方面，是农村基本建设状况的落后，由于缺少可靠的供水设施造成人畜饮水对干旱的脆弱性。目前，国家正在开展新农村建设，水利部正在持续的进行农村饮水安全工程的建设，这会改善农民生活的干旱脆弱性。但如何合理的规划和建设，使其更符合自然条件、更符合农民的愿望和生存状况的改善，更有利于广大农村生态系统和自然环境的可持续，仍是一个在发展中要认真考虑的问题。

农业基本建设及投入的不足，也是造成农业干旱脆弱性的一个重要原因。在传统的干旱管理中，我们更多的是当干旱发生时才发动群众，进行打井、引水等获取水的措施。且不说这种行为在水资源条件的限制下是否奏效，问题是即使是有水可取，在短时间内也难以发挥作用，从而造成干旱损失。这在新中国成立初期经济落后的情况下，由于基本设施建设不够，采取这种临时措施是可以理解的，但在目前情况下仍采用这种做法，是说明农业基本建设及投入的不足。

实施节水灌溉，将从根本上改变农业及整个社会、经济、环境对干旱的脆弱性。目前这方面进展缓慢，与投入不足有关。由于投入不足，农业基础设施建设往往标准很低，缺少科技投入和合理的规划。

4.3 我国城市、工业的干旱脆弱性分析

当干旱发展到一定程度时，除对农业产生的影响外，会造成整个社会经济的缺水，使工业和第三产业的正常生产和运营受到严重影响，使城市生活用水发生困难。与农业干旱一样，随着水资源的高度开发和利用，使整个社会经济干旱的脆弱性不断地增加。第2章表2.3介绍了我国城市发生严重干旱缺水的情况，可十分明显地看出城市缺水问题日趋严重。同时，因干旱造成的工业缺水问题也日趋严重（见第2章）。

同时，自改革开放以来，工业的飞速发展、城市的不断扩大和污染治理的落后，造成了严重的污染问题。每当干旱发生时，由于河流的流量锐减，环境容量明显降低，使水污染加重。在我国北方，这种情况是非常普遍的。

与农业一样，造成工业和城市干旱脆弱性加重的一个主要原因是水资源的高度开发，而工业和城市用水的低效率推动了水资源利用程度的不断提高，这是造成干旱脆弱性不断严重的一个重要原因。根据中国水利部发布的《中国水资源公报 2008》，2008年全国工业总用水量 1400.6 亿 m^3，万元工业增加值（当年价）用水量为 108m^3。而美国、日本 2000 年万元工业增加值用水量分别为 15m^3、18m^3（《推进和完善定额用水制度》姜文来，2007）。如果我国万元工业增加值用水量达到美国的节水水平，全国工业用水只需要 194.5 亿 m^3。

工业用水的用水结构不合理，也是目前存在的一个普遍问题。很多地区为了单纯追求 GDP 的增长，不顾当地的水资源及其他资源条件，不顾对环境的污染，盲目上高耗水、高污染的项目，从而造成缺水问题的加重和对干旱的脆弱性。同时，工业用水重复利用率低，也是一个重要的问题。我国工业用水重复利用率约为 60％～65％，发达国家一般在 80％～85％以上。

城市供水管网水漏损严重，是造成城市供水浪费严重的突出问题。目前缺少这方面的准确数据，普遍认为我国城市供水管网漏损率为 20％，而实际上县级及县以下城镇的供水管网漏失率在 30％左右。按照《城市供水管网漏损控制及评定标准》（CJJ 92—2002），城市供水企业管网基本漏损率不应大于 12％，这方面的节水问题也十分突出。在生活用水方面，节水器具使用率普遍偏低。据建设部统计，全国城市用水器具中近 25％是漏水的，一年浪费水量可达 4 亿多 m^3。

目前我国工业废水处理达标率在 70％以下，全国 36 个大中城市的污水处理率也仅为 55％，而其他 600 多座城市大多没有污水处理厂。大量的废污水造成了严重的水污染，当干旱发生时水环境污染问题就更加突出。

城市、工业用水效率的低下，工业用水结构的不合理，使我国城市水资源需求量不断加大，在我国水资源严重短缺的情况下使水资源的利用程度超出了自然承载能力，当干旱所造成更严重的缺水时，就会使整个社会蒙受更大的旱灾损失。另外，城市、工业废污水得不到应有的处理，在干旱缺水时，因径流量的减少使环境容量减少，从而造成更严重的污染。这些都造成了社会、经济、环境对干旱的脆弱性。这方面的问题在缺水地区尤为严重。

长期以来，我们缺少对节水、污水处理、技术和工艺的科学研究，缺少在各种资源协调利用情况下第二产业、第三产业合理布局的研究，缺少在节水和污染治理方面的经济投入，在很大程度上造成了社会、经济和环境对干旱的脆弱性。

4.4　干旱时期干旱管理的脆弱性分析

对于发生或可能发生的干旱，传统的干旱管理还处于被动、粗放、低效的管理状态。与洪水管理（防汛）相比，干旱管理（抗旱）在策略、措施、技术和管理上还缺少科学、系统的方法。这使我们面对干旱时，不能更有效地减少旱灾损失，增加了对干旱的脆弱性。

4.4.1　干旱监测和风险识别方面的问题

干旱的准确监测与识别，对于整个干旱管理十分重要。缺少准确的干旱监测和识别，在很大程度上导致了传统干旱管理的被动性和粗放性，无法对干旱进行定量的、科学的管理。

在干旱监测方面，我们主要是沿用了水文、气象的现有观测系统，而现有水文监测系统主要是围绕大中型水利工程建设和防汛工作的需要而建立起来的，从而缺少对干旱管理所需信息的监测。这主要体现在对土壤墒情、地下水、中小河流、中小水库和水资源利用量的监测上。

土壤墒情的监测对于农业的干旱管理是十分重要的，它直接反映了农业干旱的缺水程度，对于实施更科学的节水灌溉和缺水灌溉是必不可少的。长期以来，我们的墒情监测只是在大的区域范围内布设了少数的监测点，且监测手段落后，不能为农民每个地块的耕作和灌溉提供及时、准确的墒情监测数据。

在我国的很多地区。特别是北方地区，大量的使用地下水，地下水观测对于计算干旱时期地下水的可利用量，从而进行合理的使用十分重要。但是长期以来，我们对地下水的监测十分薄弱，一是监测站点稀少；二是监测手段落后，使我们不能对干旱时期各水文地质单元的水资源可利用量进行准确的评估和计算。

在干旱时期，中小河流、中小水库的水资源可利用量，对于解决缺水问题十分重要。特别是供水工程上游的中小河流监测，对于分析预测下游供水工程干旱期间的可来水量十分重要，我们目前的监测系统中，缺少这方面的监测。

用水数据的监测，对于干旱时期科学的制定用水方案，减少因缺水造成的损失，十分重要。在干旱管理中，只有明确地掌握了可供水量、各行业的实际水需求量和干旱缺水量，才能制定出科学的用水方案，从而减少旱灾损失。这其中，各取水户的用水量监测，可以准确地把握用水需求量。同时，用水量监测对于干旱时期用水监管，保证公平用水和各取水户按规定取水量进行取水，具有重要的作用。

干旱识别是在干旱监测基础上，对干旱程度的等级进行科学划分，对干旱缺水量进行准确计算，尽可能对干旱进行预测和预警。

在长期以来的干旱管理中我们并不进行干旱等级的划分，划分干旱等级是近几年才开始的。干旱等级划分的目的是，根据干旱发生和发展的不同阶段和对社会、经济、环境的主要影响进行干旱程度划分，从而使干旱管理根据干旱等级及所对应的干旱问题采取有明确针对性的响应行动。但目前的干旱等级划分，以受旱面积和受旱人口为指标，这种划分方法，只反映了干旱范围，不能反映干旱程度及所产生的主要干旱问题，使干旱管理响应行动缺乏明确的针对性。受灾人口和受灾面积应是旱灾的后评估指标，据此对已发生的灾害和受灾群体进行灾害救助，同时用于灾后的灾害损失评估。另外，由于这些数据在短期内进行粗略的调查统计，在数据准确性上也往往存在问题。

在传统的干旱管理中，我们把目光更多地放在干旱的后果上，而对干旱缺水量缺少准确的分析和计算。而事实上，干旱灾害是由于干旱缺水造成的，只有准确地把握干旱缺水量和主要缺水问题，才能通过科学合理的用水来减少旱灾损失。

干旱的预测对于旱灾的预防、减灾行动选择和及时采取减灾措施具有十分重要的价值。限于目前气象科学的水平，还不能对可能发生的干旱进行中、长期的准确预测，但并不是说在旱灾预测上束手无策，可以根据已有的知识进行有限的预测，从而对可能发生的干旱风险进行预警，但长期以来没有做到这一点。

4.4.2　干旱管理策略和措施问题

干旱管理是在干旱监测和风险识别的基础上，针对干旱风险采取科学措施来减少旱灾损失的行动。其中，对干旱缺水进行科学的定量管理，用好每一滴水，对于减少旱灾损失十分重要。传统干旱管理基本上处于一种非定量化的粗放管理状态，很多行动是盲目的，难以奏效的。

传统干旱管理的基本逻辑是，干旱灾害由干旱缺水造成的，因此，干旱管理就是要获取更多的水来满足用水需求。由此造成的问题是，在水资源高度开发利用的情况下，已无法获取更多的水，从而使整个干旱管理行动处于一种无奈、脆弱和无效的状态。

减少旱灾损失需要全社会的努力和用水自律，政府的公共管理应更多地向公众提供干旱管理相关的信息和技术帮助，从而提高整个社会抵御干旱的能力。而在传统的干旱管理中，政府缺少对干旱信息的发布和交流，缺少提高社会各方面减灾能力的意识和行动，更多的是一些直接的行动。

在传统的干旱管理中，虽然各级政府都有防汛抗旱指挥部，且有政府各部门的参加，但在实际的工作中，缺少各部门具体的、明确的职责分工，部门之间缺少交流和协调，缺少严密的组织制度，从而降低了干旱管理效率和效能。

4.5　干旱管理策略的制定

在上述干旱脆弱性分析的基础上，可以针对我国社会、经济、环境对干旱的脆弱性来分析和确定干旱管理的基本策略。干旱管理可分为长期水资源管理中的干旱管理和干旱时期的干旱管理。长期水资源管理中的干旱管理主要是通过对本地区干旱规律的深入了解和识别，通过水资源的合理开发、利用、保护来减小干旱的风险。干旱时期的水资源管理主要是根据干旱缺水情况，通过更好的用水来减少旱灾损失。

4.5.1　长期水资源管理中的干旱管理策略

为了降低我国社会、经济和环境对干旱的脆弱性，提高全社会减少旱灾损失的能力，根据干旱脆弱性分析，可采取如下长期水资源管理中的干旱管理策略：

（1）采取法律、政策、行政、经济措施，通过全社会的努力，在长期的水资源管理中，加大节水力度，促进第一、第二、第三产业的全面节水，减少各类输水设施的漏损，降低全社会的总用水量，从而使干旱发生时流域内蓄积有更多的水以备使用，从根本上降低干旱风险，减少旱灾损失。

（2）每个地区都要根据当地的水资源和水环境承载力，在水资源与其他资源的协调利用的前提下，通过科学的规划，来布局和调整产业结构。包括第一、第二、第三产业之间的结构和各产业内部的结构。干旱状况是水资源承载力的重要特征，在水资源和水环境承载能力的分析中，要根据历史数据充分了解和分析本流域或地区干旱发生的频率和程度，对本地区因干旱造成的缺水特征进行识别。

（3）加强农村和农业的基本建设和投入，改善干旱对农民生活和生计的影响状况。包括农村用水安全工程建设在内的社会主义新农村建设，是一个重大的社会变革和经济建设行动，他将促进整个社会城乡之间的社会公平，也是一个持续的过程。在这一建设过程中，要充分考虑包括干旱影响在内的水资源条件和可持续性，通过科学的规划稳步进行。其中，对水资源条件太差，其他生存条件也比较恶劣的地方，移民可能是一个更科学、更经济的选择，这要充分考虑农民的意愿，让农民积极参与到新农村建设中。

（4）加强科学和技术的研究和应用，全面提高各产业的科学技术水平，运用科学和技术的力量来提高水资源的利用效率和效益，满足社会发展需求。通过科学的分析和规划来进行产业布局和城乡布局。

（5）要加大科学利用水资源，改善水环境状况保持生态可持续方面基础设施建设的投入。

4.5.2 干旱时期的干旱管理策略

在长期水资源管理的基础上，为了把干旱缺水状况下有限的水资源用的更好，从而减少干旱造成的社会、经济和环境损失，可采取如下干旱管理策略：

（1）完善现有干旱监测系统，对干旱进行全面、准确、及时的监测，从而为整个干旱管理提供基础信息。

（2）制定科学的干旱等级划分指标体系，根据干旱发生和发展的过程特征，针对干旱发展各阶段的主要缺水问题，来划分干旱等级，从而使干旱管理行动针对不同干旱等级的主要缺水问题有效地进行。

（3）通过模型的准确计算，确定流域缺水量。

（4）根据流域缺水量，进行用水的科学调度，通过减少低效益和高污染用水来保证高效益用水，减少旱灾损失。

（5）对于农业干旱，采取向农民提供更全面的干旱信息、干旱管理信息、减少旱灾的农业生产技术和信息、其他生计信息，使农民根据这些信息和技术，来自主采取减灾行动。

（6）从干旱管理组织、职责和行政程序上完善干旱管理的公共管理制度，实施更有效的干旱管理。

（7）加强干旱信息的交流和发布，通过全社会的力量来减少旱灾。

（8）对灾害影响严重者进行救助。

5

干旱等级指标体系的建立

干旱识别是科学的、有针对性的实施干旱管理行动的前提。在干旱时期的干旱管理中，干旱识别主要包括，干旱等级的判定、干旱缺水量计算和干旱预测。本章主要介绍干旱等级指标体系的建立。

5.1　制定干旱等级指标体系的目的与方法

在干旱管理中，干旱指标用于判定干旱发生的不同阶段所造成的主要缺水问题和缺水程度。各级防汛抗旱指挥部，根据所发生干旱的等级及该等级干旱的主要缺水问题来采取相对应的干旱管理响应行动和措施，同时，向公众发布。也有许多干旱等级指标不是直接用于干旱时期的干旱管理，不同用途的干旱指标，其划分方法也有所不同。

干旱是一种复杂的自然灾害，为了客观、全面分析干旱程度，需要对各种单一观测数据分析处理，运用数学分析方法，将其综合为一个指标。具体来说，干旱指标体系是将系列降雨、积雪、流量、有关供水实测数据进行合理组合，运用数学计算分析方法，形成一个综合指标，来帮助识别干旱的发生和严重程度。

5.2 我国现行干旱指标与干旱等级划分

5.2.1 单项干旱指标

1. 降水量距平百分率（D_P）

降雨量距平百分率是表征某时段降雨量较常年值偏多或偏少的指标之一，能直观反映降水异常引起的干旱；在气象日常业务中多用于评估月、季、年发生的干旱事件。降水量距平百分率等级适合于半湿润、半干旱地区平均气温高于 10℃ 的时段。

降水量距平百分率计算公式为：

$$D_P = \frac{P - \overline{P}}{\overline{P}} \times 100\%$$ (5.1)

式中 D_P——计算期内降雨量距平百分比；

P——计算期内降雨量，mm；

$\overline{P}$——计算期内多年平均降雨量，mm。

区域降雨距平百分率与干旱等级指标见表 5.1。

表 5.1　区域降雨距平百分率（％）与干旱等级指标表

旱期	轻度干旱	中度干旱	严重干旱	特大干旱
1个月	$-85 \leqslant D_P < -75$	$D_P < -85$		
2个月	$-60 \leqslant D_P < -40$	$-75 \leqslant D_P < -60$	$-90 \leqslant D_P < -75$	$D_P < -90$
3个月	$-30 \leqslant D_P < -20$	$-50 \leqslant D_P < -30$	$-80 \leqslant D_P < -50$	$D_P < -80$

2. 相对湿润度指数（M）

相对湿润度指数是表征某时段降水量与蒸发量之间平衡的指标之一。本等级标准反映作物生长季节的水分平衡特征，适用于作物生长季节以上尺度的干旱监测和评估。

相对湿润度指数的计算公式为：

$$M = \frac{P - PE}{PE}$$ (5.2)

式中 P——某时段的降水量，mm；

PE——某时段的可能蒸散量，mm。

用 FAO Penman - Monteith 或 Thornthwaite 方法计算，相

对湿润度干旱等级划分见表 5.2。在实际观测中,很难得到准确的 PE 数据。

表 5.2 相对湿润度干旱等级划分表

等级	类型	相对湿润度
1	无旱	$-0.40<M$
2	轻旱	$-0.65<M\leqslant-0.40$
3	中旱	$-0.80<M\leqslant-0.65$
4	重旱	$-0.95<M\leqslant-0.80$
5	特旱	$M\leqslant-0.95$

3. 土壤相对湿润度干旱指标

相对土壤湿润度干旱指数是反映土壤含水量的指标之一,适合于某时刻土壤水分盈亏监测。它采用 10~20cm 深度的土壤相对湿度,实用范围为旱地农作物。由于不同土壤性质的土壤相对湿度存在一定差异,使用者可根据当地土壤性质,对等级划分范围作适当调整,计算公式为:

$$R=\frac{\omega}{f_c}\times100\% \tag{5.3}$$

式中　R——土壤相对湿度,%;

　　　ω——土壤重量含水率,%;

　　　f_c——土壤田间持水量,%。

土壤相对湿度干旱指数干旱等级划分见表 5.3。

表 5.3 土壤相对湿度干旱指数干旱等级划分表

等级	类型	10~20cm 深度土壤相对湿度	干旱影响程度
1	无旱	$60\%<R$	地表湿润或正常,无旱象
2	轻旱	$50\%<R\leqslant60\%$	地表蒸发量较小,近地表空气干燥
3	中旱	$40\%<R\leqslant50\%$	土壤表面干燥,地表植物叶片有萎蔫现象
4	重旱	$30\%<R\leqslant40\%$	土壤出现较厚的干土层,地表植物萎蔫、叶片干枯,果实脱落
5	特旱	$R\leqslant30\%$	基本无土壤蒸发,地表植物干枯、死亡

这些单项干旱指标计算简单，数据容易获得，便于在紧急状态下操作，时效性好，但这些单项指标仅从气象角度评价干旱，实际上旱情的发生发展受多种因素影响，需要结合降雨、土壤墒情、地表水、地下水等水文气象信息进行综合评判才能全面真实地反映旱情。

5.2.2　综合干旱指数法

目前国内干旱管理中，判定干旱等级主要以受旱面积和受旱人口作为的指标。其中，受旱面积按受旱面积占总耕种面积的百分比来确定。

作物受旱面积百分比的计算公式为：

$$S_I = \frac{A_1}{A_0} \times 100\% \tag{5.4}$$

式中　S_I——受旱面积百分比，%；

A_1——区域内作物受旱面积，包括水田和旱田，万亩；

A_0——区域耕地总面积，万亩。

作物受旱面积百分比与干旱等级指标见表 5.4。

表 5.4　　作物受旱面积百分比（%）与干旱等级指标表

干旱等级		轻度干旱	中度干旱	严重干旱	特大干旱
作物受旱面积 百分比 S_I	省级	$5 < S_I \leqslant 20$	$20 < S_I \leqslant 30$	$30 < S_I \leqslant 50$	$S_I > 50$
	市级	$10 < S_I \leqslant 30$	$30 < S_I \leqslant 50$	$50 < S_I \leqslant 70$	$S_I > 70$

受灾人口是按农村或城市因干旱造成生活用水困难的人口占总人口的百分比计算。

此种方法是从干旱灾害造成的影响来划分，其主要问题是缺少对干旱缺水状况的判断；受旱面积是一个模糊的概念，不同的人有不同的认定，而非定量的指标；这些数据主要是在短时间内通过逐级上报统计而来，人为因素很大，难以客观评定。

5.3　国外干旱指标对比分析

国外有关干旱指标计算方法有许多种，书中主要以美国、澳大利亚采用的干旱指标等级划分方法为例，对正常百分比指数、标准化降雨指数（SPI）、帕默干旱程度指数 PDSI、作物水分指数（CMI）、地表水供给指数 SWSI 方法、垦殖干旱指数（RDI）方法进行分析比较。

5.3.1　正常百分比指数

降雨百分比是一种简单衡量某地降雨情况指标，如果用于分析某一个地方或某一个季节降雨，该指标非常有效。其优点是可以迅速有效对某一地区或季节降雨进行比较。但根据它计算出结果，容易产生误解，因为百分比降雨指数是通过数学公式计算得出，与实际天气状况下正常降雨未必一致。由于地区和季节不同，它的分析结果不稳定。具体计算方法是实际降雨量除以多年平均年降雨（30 年降雨量平均值），再乘以 100%。利用公式，可以计算不同时间尺度降雨百分比。通常时间尺度可以分为一个月，或一个季节中若干个月，或一年，或一个水文年。

降雨百分比指标一个缺点是平均降雨量通常与降雨中值大小不一致，降雨中值是指长期降雨记录中有 50% 降雨量大于该降雨量所对应值。平均降雨与降雨中值大小不等原因是月累积降雨量或季节累积降雨量分布不服从标准分布。如果利用降雨百分比指标进行比较话，其前提是降雨量应该服从标准分布，使均值与中值相等。以澳大利亚墨尔本地区 1 月降雨为例，证明它们不一致之处。该地区 1 月降雨中值为 36.0mm（1.4 英寸），说明多年观测记录中 1 月有一半降雨量小于 36.0mm，有一半降雨量大于 36.0mm。但是用均值作比较时，1 月降雨量为 36.0mm 值在标准分布中为 75%，被视为比较干旱。由于降雨记录随时间、地点而变化，无法确定降雨偏离正常降雨出现频率、或异地降雨量间进行比较。Willeke 先生于 1994 年指出，很难将降雨偏离大小与由于偏离而造成后果结合起来，不利于采取措施，缓解由于降雨减小而出现干旱危机，不利于制定相应规划。

5.3.2　标准化降雨指数（SPI）

为了弄清由于降水量减少对地下水、水库蓄水、土壤含水量、积雪、河流径流产生不同影响，McKee、Doesken、Kleist 于 1993 年研发了标准化降雨指标（SPI）。SPI 可以定量分析多时段降水量缺少情况。这些时段反映出干旱对各种水资源可利用量影响。土壤墒情状况可以对短期异常降水作出响应，而地下水、径流、水库蓄水状况可以反映出长期异常降雨。基于这些原因，McKee et al 于 1993 年最先计算出 3 个月、6 个月、12 个月、24 个月、48 个月 SPI。

标准化降雨指数（SPI）是一种工具，主要是用于干旱的判定与监测。分析人员可以利用雨量站历史资料，判断给定时段范围内干旱程度，它也可以用于判断丰水期出现历时。

SPI 是将某一时间尺度的降水量时间序列看作服从 Γ 分布。通过降水量的 Γ 分布概率密度函数求累积概率，再将累积概率正态标准化而得。正态标准化处理目的是消除降水量在时空分布上的差异，使 SPI 能够适用于反映不同地区、不同时间尺度的旱涝情况。其计算方法如下：

假设某一时间尺度下的降水量为 x，则其 Γ 分布的概率密度函数为：

$$g(x) = \frac{1}{\beta^\alpha \, \Gamma(\alpha)} x^{\alpha-1} e^{-x/\beta} \quad (x > 0) \tag{5.5}$$

式中 α、β——形状参数和尺度参数。

$$\Gamma(\alpha) = \int_0^\infty x^{\alpha-1} e^{-x} dx \tag{5.6}$$

式（5.6）为 Gamma 函数。最佳 α、β 估计值可用极大似然估计法求得：

$$\hat{\alpha} = \frac{1 + \sqrt{1 + 4A/3}}{4A}$$

$$\hat{\beta} = \bar{x}/\hat{\alpha} \tag{5.7}$$

$$A = \ln(\bar{x}) - \frac{\sum \ln(x)}{n} \qquad (5.8)$$

式中　n——降水量序列的长度。

给定时间尺度的累积概率计算方法为：

$$G(x) = \frac{1}{\Gamma(\alpha)} \int_0^x t^{\alpha-1} \mathrm{e}^{-t} \mathrm{d}t \qquad (5.9)$$

其中　　　　　　　　$t = \frac{x}{\beta}$

由于 $G(x)$ 中不包含 $x=0$ 的情况，而实际降水量可以为 0，所以累积概率表示为：

$$H(x) = u + (1-u)G(x)$$

式中　u——降水量为 0 的概率，$u = m/n$；

　　　m——序列中降水量为 0 的数量。

将累积概率 $H(x)$ 转化为标准正态分布函数，即可获得 SPI 的计算方法：

当 $0 < H(x) \leqslant 0.5$ 时

$$SPI = -\left(k - \frac{2.52 + 0.80k + 0.01k^2}{1 + 1.43k + 0.19k^2 + 0.001k^3}\right) \qquad (5.10)$$

当 $0.5 < H(x) \leqslant 1$ 时

$$SPI = k - \frac{2.52 + 0.80k + 0.01k^2}{1 + 1.43k + 0.19k^2 + 0.001k^3} \qquad (5.11)$$

其中　　　$k = \sqrt{\ln[1/H(x)^2]}, 0 < H(x) \leqslant 0.5 \qquad (5.12)$

　　　　　$k = \sqrt{\ln\{1/[1-H(x)]^2\}}, 0.5 < H(x) \leqslant 1 \qquad (5.13)$

根据上述公式，编制的 SPI 计算程序，就可以计算出不同时间尺度的 SPI 值，其范围为 ± 3.0，根据 SPI 值大小对干旱程度进行等级划分见表 5.5

表 5.5 **SPI 干旱等级划分**

SPI 值	湿润、干旱等级
≥2.0	极端湿润
1.5 ～ 1.99	非常湿润
1.0 ～ 1.49	中度湿润
−0.99 ～ 0.99	正常
−1.0 ～ −1.49	中干旱
−1.5 ～ −1.99	非常干旱
≤ −2.0	极端干旱

计算不同时间尺度的 SPI 值，可以对干旱提前作出预警，帮助分析干旱严重程度。SPI 方法可以对不同气候条件下（或不同小气候）降雨进行比较，对降雨量进行标准化处理，可以比较降雨量与均值大小。两个降雨特征不同地区的降雨可以进行比较，从而判断干旱程度，因为这种比较是标准化降雨量的比较。

5.3.3 帕默干旱程度指标 PDSI

1965 年，W. C. Palmer 研究了一项指数，用于衡量土壤水补给亏缺量大小。Palmer 不仅考虑了某地区缺雨状况，还综合考虑了水量平衡方程中的供水与需水要素。PDSI 指标是将土壤含水量标准化，作为衡量指标，进行时空比较。

PDSI 是气象干旱指标，可以反映出非正常干旱和湿润天气状况。当判断干旱是否结束，进入正常或湿润状况时，可以用 PDSI 指标进行衡量，不需要考虑河道径流、湖泊、水库水位，以及其他长期水文要素影响（引自：Karl 和 Knight，1985）。利用降水、温度、田间持水量（AWC）数据，计算 PDSI 指标。对于输入数据，可以确定水量平衡方程中所有基本要素，包括蒸散发量、土壤水补水量、径流量、表层土壤水损失量。没有考虑人类活动，如灌溉影响。

Palmer 指数变化范围大致在 −6.0 ～ +6.0 之间，见表 5.6 为 Palmer 指标等级划分 Palmer 本人根据在美国艾奥瓦州中部和堪萨斯州西部最初研究成果（1965 年），人为地给出土壤含水量分类等级。理想做法是将 Palmer 指标设计为这样一种指标，使美国南卡罗来纳的 Palmer 指标为－4.0 时，其与正常气候条件下相比土含亏损程度，与爱达荷州为－4.0 相同。Palmer 指标计算以月为基准，美国各气候区的逐月长系列 $PSDI$ 计算值保存在国家气候数据中心，系列长度为从 1895 至今。

表 5.6 　　　　　　　　　　　Palmer 指标等级划分

Palmer 指标	湿润、干旱等级
＞4.0	极端湿润
3.0 ～ 3.99	非常湿润
2.0 ～ 2.99	中度湿润
1.0 ～ 1.99	轻度湿润
0.5 ～ 0.99	湿润 初期
0.49 ～ －0.49	正常
－0.5 ～ －0.99	干旱初期
－1.0 ～ －1.99	轻度干旱
－2.0 ～ －2.99	中度干旱
－3.0 ～ －3.99	非常干旱
＜－4.0	极端干旱

Palmer 指标在美国备受瞩目并广为应用，它可以更有效监测土壤含水影响大小，如在农业部门应用（引自：Willeke et al 1984），它是一个很好的干旱监测工具，可以作为启动干旱紧急预案采取措施依据（引自：Willeke et al 1994）。Alley 于 1984 年指出 Palmer 指标三个显著特征，使之广受关注，这三个特征是：①为决策者提供某地区近期天气状况是否出现异常信息；②当前状况与历史条件对比；③可以反映过去发生干旱时空分布情况。美国有几个州，包括纽约、科罗拉多、爱达荷、犹他，将Palmer 指标作为干旱监测系统组成部分。

1. $PDSI$ 计算方法

$PDSI$ 是根据某地区土壤水供给与需求关系，计算得出，其中，土壤供水量等于土壤原来含水量加上降雨补给土壤的水量，而需水量的确定比较复杂，因为从土壤中损失的水量取决于多种因素，如温度、土壤含水量等。

计算 $PDSI$ 用到的变量：可能蒸散发量 PET；可能补给量 PR；可能径流量 PRO；可能损失量 PL；蒸散发量 ET；径流补给 R；径流量 RO；损失量 L；田间持水量 AWC；上层土壤含水量 Ss；下层土壤含水量 Su。

土壤模型的基础是计算可能蒸散发量 PET。蒸散发量 ET 可以根据推断得出，它是蒸发量和散发量之和，因此，它包括植物的散发与周围环境蒸发。用 Thornthwaite 方法计算 PET。可以断言，月 PET 值大小与当月平均温度、气象观测站纬度因子有关，月平均温度是所有观测记录中当月平均温度。需要强调的是 Thornthwaite 方法计算出 PET 为近似值，该方法已长期应用，得到普遍认可用于计算 PET，但对其计算精度颇有争议。也有人批评到，$PDSI$ 过分依赖 Thornthwaite 方法。的确，$PDSI$ 与 PET 计算结果密不可分，但是 $PDSI$ 还可以采取其他方法计算 PET 值。

$PDSI$ 除了需要 PET 之外，还需要可能补给量 PR、可能径流量 PRO、可能损失量 PL，在了解如何计算这些量之前，需要引入另一个概念，即田间持水能力 AWC，它是土壤能保持的水量。下层土壤含水量是上层以下土壤层所含的水量。上层土壤含水量是上层土壤所含的水量。

$$PR = AWC - (Su + Ss) \qquad (5.14)$$

因此，PR 是土壤吸收的水量，或者说是 AWC 与（当前）土壤含水量的差值。

$$PR = AWC - (Su + Ss) \qquad (5.15)$$

计算 PRO 时，假定落到地面降雨被土壤吸收，土壤饱和后才产生径流。因此，PRO 是可能降雨量减去土壤吸收的水量。Palmer 假定可能降水量等于 AWC，这样，PR 就是土壤吸收的水量，因此：

$$PRO = AWC - PR = AWC - [AWC - (Su + Ss)] = Su + Ss$$

$$\qquad (5.16)$$

PL 有些差异，它与 PET 值大小有关。$PSDI$ 方法是将土层分为两层。上层为土壤表层，会损失所有土壤含水量。当土壤表层含水量全部损失后，开始损失下层土壤含水量，每次只损失一部分。可以形象比喻，上层为"支票"账户，而下层为"储蓄账户"。

当 $Ss \geqslant PET$ 时，上层土含水量大，满足需求，损失掉的大部分水量来自上层土壤，即：

$$PL = PE$$

当 $Ss < PET$ 时，上层土含水量小，下层土中部分水量被损失掉。但是，实际上只有少量下层土壤含水量处在被损失掉的危险境地，则：

$$PL = [(PET - Ss) \times Su]/AWC + Ss \tag{5.17}$$

当 $PL > PRO$ 时，可能损失量不能大于土壤含水量。土壤含水量为：

$$(Ss + Su) = PRO \tag{5.18}$$

$$PL = PRO$$

2. $PDSI$ 中的水量平衡方程

除了计算这 4 个可能出现值（PET、PR、PRO 和 PL）外，还需要计算这 4 个量的真值。确定真值的方法非常复杂，取决于降水量 P、PET、土壤含水模式之间关系。本指标将土壤含水模式分为两层，这点非常重要。上层为含水量为 1.0 英寸的土层。当需水量大于供给时，首先使用上层土壤含水量的水，如果有多余的水分，也首先补给这层。下层土壤含水层为田间持水量 AWC——1.0 英寸之间含水量。当上层土壤含水量用尽后，此刻只有少量下层土壤含水量被用掉。分几种情况，逐级考虑确定每个土层获得或损失水量。

（1）如果 $P \geqslant PET$，降雨可以满足 PET 需求，因此 ET 等于潜在（最大）蒸发量，土壤水分没有损失，可能发生降水补给或径流，即：

$$ET = PET$$

$$L=0$$

1）当 $(P-PET) > (1.0-Ss)$ 时，两个土层都得不到降水补给，则：

$$R\_surface = 1.0 - Ss \qquad (5.19)$$

a. $(P-PET-R\_surface) < [(AWC-1.0)-Su]$

除了供给潜在（最大）蒸发量 PET 和上层土补给外，剩余的水分完全被下层土壤吸收，因此，下层土壤水补给来自于剩余水量，不产生径流。

$$R\_lower = P - PET - R\_surface \qquad (5.20)$$
$$RO = 0$$

b. $(P-PET-R\_surface) \geqslant [(AWC-1.0)-Su]$

降雨量大于潜在蒸发量（PET），两个土层都能得到水分补给。

$$R\_lower = (AWC-1.0) - Su$$
$$RO = P - PET - (R\_surface + R\_lower) \qquad (5.21)$$

总补给量为两个土层补给量之和。

$$R = R\_surface + R\_lower \qquad (5.22)$$

2）当 $(P-PET) \leqslant (1.0-Ss)$ 时，水分只够补给上层土壤，则：

$$R = P - PET$$
$$RO = 0$$

（2）如果 $P < PET$，降水量小于潜在蒸发量（PET），因此，土壤含水量会发生损失。显然，不会出现补给或径流现象，即：

$$R = 0$$
$$RO = 0$$

1）$Ss > (PE-P)$，上层土壤含水量可以满足消耗完降雨量之外的蒸发量，因此，仅上层土含出现损失。

$$L\_surface = (PE-P)$$

$$L\_lower = 0$$

2) $Ss \leqslant (PE-P)$，上层土含无法满足蒸发需求，水分被完全蒸发，下层部分土壤含水量将被蒸发掉。

$$L\_surface = Ss$$
$$L\_lower = (PE-P-L\_surface) \times (Su/AWC) \quad (5.23)$$

土壤水分总损失量为两个土层含水量损失之和，蒸发量等于降雨与土壤损失量之和，即：

$$L\_surface + L\_lower$$
$$ET = P + L$$

3. 土壤水分损失量

土壤水分损失量主要是指某月水分亏量或剩余量，计算公式为：

$$d = P - \hat{P}$$

式中　P——降水量；

　　　$\hat{P}$——气候适宜降雨（CAFEC）。

$\hat{P}$计算公式为：

$$\hat{P} = \alpha_i PE + \beta_i PR + \gamma_i PRO - \delta_i PL$$

下角标 i 为年内月份。各项（ET、R、RO、L）真值与可能值的平均比值为公式中的系数。这些比值被称为水量平衡系数。在考虑季节变化时，利用这些系数调整可能值大小，计算公式为：

$$\alpha_i = \frac{\sum\limits_{\text{all years}} ET_i}{\sum\limits_{\text{all years}} PET_i} \quad (5.24)$$

$$\beta_i = \frac{\sum\limits_{\text{all years}} R_i}{\sum\limits_{\text{all years}} PR_i} \quad (5.25)$$

$$\gamma_i = \frac{\sum\limits_{\text{all years}} RO_i}{\sum\limits_{\text{all years}} PRO_i} \qquad (5.26)$$

$$\delta_i = \frac{\sum\limits_{\text{all years}} L_i}{\sum\limits_{\text{all years}} PL_i} \qquad (5.27)$$

4. 土壤湿度差值

土壤湿度偏量 d 为土壤水分亏量或剩余量，在一定气候条件下，随季节变化。但是，土壤湿度偏量没有给出任何当地气候条件下有关水分亏损或剩余程度信息。为了弄清土壤干湿程度，对土壤干湿度偏量进行重新调整，得到土壤干湿度异常值 Z，该值可以反映出当地气候条件下目前季节土壤干、湿程度。该值很容易计算，用土壤干湿度偏量乘以气候特征系数 K。

$$Z = dK \qquad (5.28)$$

K 值大小与地理位置、季节有关，计算公式为：

$$K_i = \frac{17.67}{\sum\limits_{j=1}^{12} \overline{D_j} K_j^t} K_i^t \qquad (5.29)$$

其中

$$K_i^t = 1.5 \log_{10} \left[\frac{\dfrac{\overline{PET_i} + \overline{R_i} + \overline{RO_i}}{\overline{P_i} + \overline{L_i}} + 2.8}{\overline{D_i}} \right] + 0.5 \qquad (5.30)$$

K 计算公式相当复杂，难以解释 K 与 PET、R、RO、P 均值之间关系。不过，公式中有几点需要说明，下角标 i 是指一年中的月份，公式（5.29）中常数 17.67 为经验值，Palmer 根据有限数据推导出来，这个值在设计 $PDSI$ 自我率定（Self-Calibrating）非常重要，字母上面标有横线为数据系列的均值，公式中

$$\overline{D}_i = \frac{\sum\limits_{\text{all years}} |d_i|}{\# \text{ of years in record}} \qquad (5.31)$$

式中 d 和 Z 项的计算与反映土壤水分状况 8 个可能值和真值数据系列有关，即 PET、PR、PRO、PL、ET、R、RO 和 L，这就意味着在计算土壤干湿度偏量和异常值之前，需要计算年内每个月的 PET、PR、PRO、PL、ET、R、RO 和 L。

计算完土壤湿度异常值后，就可以计算 $PDSI$ 指标值。其中有 3 个中间指数，即，$X1$ 为湿润程度指数，是否计算，可以任意选定；$X2$ 为干旱程度指数，是否计算，可以任意选定；$X3$ 为当前状况程度。实际上在计算 $PDSI$ 时，根据一定规则，在 3 个中间指数中选择一个。设计这 3 个中间指数的缘由是在干旱发生过程中，如果某一个月出现湿润现象，并不意味干旱结束。但是，如果持续几个月为湿润期，就能够断定干旱结束。通过计算这 3 个指数，可以利用比一个月长的数据资料，灵活判定干旱结束时间。有时指数显示，结束一场干旱时间可能要持续几个月，显然与事实不符，说明 $PDSI$ 计算有误，可以用校正值 $X1$ 或 $X2$ 代替。这种方法称为"追溯法"，对于 $PDSI$ 使用人员来说了解其中含义以及指数影响非常关键。采用"追溯法"说明在一定运算模式下使用 $PDSI$ 并非易事，因为该值可能随时随地发生改变。

3 个指数计算方法相同，如 $X3$ 计算公式为：

$$X3_i = 897X3_{i-1} + \left(\frac{1}{3}\right)Z_i \qquad (5.32)$$

可以用上述公式计算 $X1$ 和 $X2$。式中 0.897 和 (1/3) 为经验常数，Palmer 利用 2 个气候区数据推导而得。这两个常量称为历时因子，用来确定事件发生持续时间。历时因子实际影响到 $PDSI$ 对降水和少雨的敏感程度。每个地方对降水的灵敏程度各不相同，Palmer 方法中采用一组历时因子。分析每个地方气候条件，根据情况调整历时因子。

5. 改进的 PDSI 法——PDSI 权重法

Heddinghaus 和 Sabol 出于探求一种将 PDSI 变为实用干旱分析工具方法的目的，于 1991 年提出了 PDSI 权重法。由于在"追溯法"中，近期 PDSI 值无法反映干湿度状况，可能由于被差异太大值取代造成的。在 PDSI 计算过程中，哪个值被取代和被哪个值取代的概率是已知的，为了全面准确反映出目前状况结束时间，需要考虑下面因素：

(1) 当前程度，$X3$。

(2) 初始干旱程度，$X2$。

(3) 初始湿润程度，$X1$。

(4) 现状变化概率。

PDSI 权重法是将上面几项组合在一起，形成一个指数，可以比常规 PDSI 权重法更好地反映当前状况。该方法是计算当前值与当前值替代值的加权平均，权重大小根据可能被替换概率确定，得出一个指数。具体做法是 $X3$ 与 $X1$ 或 $X2$，根据当前状态结束概率大小分别乘以权重。PDSI 权重法主要特点是指数不随时间发生变化，因为 3 个中间指数固定不变，一旦计算得出结果，不再更改。只有 PDSI 指数值会随时间发生变化，但计算 PDSI 指数值时，总会得到这 3 个中间指数。

当 PDSI 指数值有可能被替换时，PDSI 权重值与 PDSI 实际值不同，这是因为现状结束概率在 0～100％ 之间变化。在一种现象结束，另一种现象开始的过渡期间内，PDSI 从正（负）值直接变成负（正）值，这与实际情况不符，从时间考虑湿润转变为干旱要经历一个过渡期。在同一个过渡期里，PDSI 权重值会从湿润（干旱）逐渐变成干旱（湿润），这是由于该值是加权平均值。也许 PDSI 权重值可以更好地代表从湿润到干旱过渡期，而常规 PDSI 能充分反映从干旱到湿润的过渡期。

6. 帕默干旱指数（Palmer）存在的问题

虽然 Palmer 指数在美国得到广泛关注，但是 Palmer 指标也存在一定局限性，Alley 于 1984 年、Karl 和 Knight 于 1985 年

作了详细阐述,指出 Palmer 指标不足之处:

(1) 干旱程度量化值、干旱或湿润期开始、结束标志的确定主要根据 Palmer 在艾奥瓦中部、堪萨斯西部的研究成果,有些随意性,缺乏足够科学依据。

(2) Palmer 指标对田间持水量比较灵敏,因此,该项指标用于某气候区过于笼统。

(3) 水量平衡计算中,两个土层被简化了,无法准确反映当地条件。

(4) 指标中没有考虑降雪、积雪、冻土情况,所有降水被视为降雨,因此,冬、春季发生降雪时,$PDSI$ 或 $PHDI$ 时段确定不准确。

(5) 没有考虑降水与径流之间滞时,另外,模型中当表层土壤和下层土壤含水量达到饱和时,才计算径流,这是对径流概念曲解。

(6) 利用 Thornthwaite 方法计算潜在蒸散发量,该方法虽然被广泛承认,但只能得到近似值。

还有几位研究人员指出 Palmer 指标其他局限性。McKee et al(1995 年)认为 $PDSI$ 是一项农业指标,没有准确反映出长期干旱对水文影响。另外,Kogan(1995 年)指出 Palmer 指标只在美国得到应用,没有在世界其他地方进行验证,Smith et al(1993 年)对此给出解释,指出 Palmer 指标在降雨、径流变化剧烈地区,效果并不好,在澳大利亚和南非曾做过试验。Palmer 指标另一个不足之处是:干旱等级中,发生"极端"和"严重"干旱对应频率值在某地区比其他地区大很多,例如在大平原地区出现"严重"干旱对应频率值比其他地区大 10%,这会不利于两个不同地区干旱程度对比,可比的准确性受到影响,使依据干旱严重程度而制定行动规划更加困难。

在 $PDSI$ 中争议问题上,其中争议最激烈观点摘自发表在刊物上的文献。1984 年,Wiiliam Alley 在《Journal of Climate and Applied Meteorology》杂志发表了题为《帕默干旱指数:局限性与假设条件》文章。Heddinghaus 和 Sabol 于 1991 年在《气候学应用》大会上共同发表了题为《帕默指数回顾，帕默指标引向何方?》的演讲。上述两篇文章揭示了 PDSI 严重缺陷，限制了该指标作为干旱分析工具的广泛使用，具体内容包括：

（1）水量平衡方程中存在严重缺陷（Alley 1984）。

（2）干旱严重等级划分比较主观（Alley 1984）。

（3）当出现"极端"和"严重"类型干旱时，对应频率在美国各个地区不一致（Alley 1984）。

（4）依据有限的资料和对比确定"气候特性"，缺乏足够证据（Heddinghaus 和 Sabol1991）。

（5）PDSI 为双峰分布（Heddinghaus 和 Sabol1991）。

（6）PDSI 值对田间持水量特别敏感（Alley 1984），因此不适合大范围（气候分区）应用。

（7）利用 PDSI 作为运算指标存在问题，因为只有事件发展到晚期才知道 PDSI 代表的是哪种现象（Heddinghaus and Sabol）。

这些问题中最为严重的是，PDSI 无法在大范围（气候分区）使用。由于降水在空间分布上不均匀，在大范围内对气象条件进行分类是徒劳的。可见，PDSI 方法中这些问题会产生不良结果。

Alley 还发现 PDSI 方法中使用的水量平衡方程也存在严重缺陷，其中包括 PDSI 模型中没有考虑产生径流本身特有的滞时，方程中也没有考虑河流流量、湖泊水位，这些都是非常重要水文要素。

Alley 还发现帕默提出的 PDSI 在空间范围上毫无意义。不仅界定的范围过于主观，而且发生"严重干旱"所对应频率也不一致。在某地小于 −4.0 值出现几率很小；而在其他地方，小于 −4.0 值每年都发生。因此，对 PDSI 空间范围比较后，很难得出实质性结论。

Heddinghaus 和 Sabol 认真研究了 Palmer 给出的气候特性，

发现在给出气候特性时，使用的资料非常有限，而且没有对这些有限资料进行合理性分析。公平地讲，20世纪60年代初期，整理大量用于从事气候研究所需的数据要比今天困难得多。尽管提出了标准土壤湿度差异指标概念，事实上，帕默的气候特性研究并没得发展。

PDSI 的双峰分布是干旱指标从湿润期突变到干旱期、反之亦然，造成结果。

5.3.4 作物水分指数（CMI）

W1C1Palmer（1968年）进一步设计出测定作物干旱的作物水分指数（Crop Moisture Index：CMI）。CMI 计算基于气候区内每周的平均气温和总降水量以及前几周的 CMI 指数。它对变化的情况能够做出迅速的反映，可以显示出美国全国每周的 CMI 指数图，并公布在每周天气和作物布告上，以比较不同地点的湿度状况。该指标在监测农作物干旱旱情及其分布方面具有较强的实践意义。

5.3.5 地表水供给指标 SWSI 方法

SWSI 是 Palmer 指数在科罗拉多州应用时的辅助指数，科罗拉多州重要水源来自山区积雪，可根据积雪厚度、河流流量、降水、库水位数据，计算流域单元内 SWSI 指数。

地表水供给指标由 Shafer 和 Dezman 于 1982 年研发的，作为 Palmer 指数计算科罗拉多州土壤含水量大小的补充指标。Palmer 指标主要是土壤含水量计算公式，效验地形条件相对均匀地区土含变化情况，它不适用于地形条件变化剧烈地区。Palmer 指标没考虑积雪和积雪径流因素。Shafer 和 Dezman 设计的 SWSI 指标表明地表水状况，用于反映山地积雪为主要水源的"山区性水"指标大小，其功能是反映每个特定流域供水条件。

SWSI 指标目的是将水文、气象特性结合到简单的指标值中，类似 Palmer 指标，计算科罗拉多州每个主要流域的指标值。数值标准化处理后，在流域内可以进行比较。计算 SWSI 需要积雪厚度、河流流量、降水、库水位 4 项数据。由于 $SWSI$ 与季节有关，计算冬季 $SWSI$ 指标时，需要积雪厚度、降水、库水位数据。在夏季计算 $SWSI$ 指标时，用河流流量数据代替积雪厚度。

计算某流域 $SWSI$ 过程如下：收集数据月值，将流域内所有雨量站、水库站、积雪或径流站观测数据分别累加。利用收集到长系列数据进行频率分析，对每个累加分项进行标准化处理。该项后续累加值小于现有累加值的概率为非超越概率，根据频率分析确定每个单项的非超越概率。单项的权重分配取决于每个单项在流域内产生地表水多少，然后加权，计算得出整个流域的 $SWSI$ 指标值。与 Palmer 指标类似，$SWSI$ 指标中间值为 0，在 ＋4.2 和 −4.2 上、下限间变化。

$SWSI$ 与 Palmer 指标配合使用，用于确定是否启动"科罗拉多州干旱计划"中制定的干旱行动。该指标优点之一是计算简便，可以得全州地表水供给情况典型观测值。对 $SWSI$ 方法进行改进，用于美国其他西部地区，包括俄勒冈州、蒙大拿州、爱达荷州、犹他州。蒙大拿州自然资源信息系统提供逐月 $SWSI$ 地图。

$SWSI$ 有一定局限性，如果计算 $SWSI$ 的测站或水资源管理要求发生变化，则需要调整 $SWSI$ 计算公式，$SWSI$ 指数是针对每个特定流域，所以限制了流域间对比。

$SWSI$ 某些特点限制它的应用。因为 $SWSI$ 的计算是针对特定流域或地区，所以无法对跨流域或跨地区的 $SWSI$ 进行比较（Doesken et al 于 1991 年提出）。在特定流域或地区内，由于某站观测不连续，需要新增站补充，对于该项的频率分布需要重新计算。如果流域内水资源管理要素发生变化，例如，河流水情变化或修建水库，$SWSI$ 计算公式也需要进行调整，需要考虑到公式中每个单项权重变化，所以很难在时间序列上保持 $SWSI$ 指标一致性（Heddinghaus 和 Sabol 于 1991 年提出）。如果发生极端事件，在历史记录中没有出现过，需要对该事件对应的频率分布重新分析，需要重新分析 $SWSI$ 指标值。

5.3.6 垦殖干旱指数（RDI）

RDI（Reclamation Drought Index）指数是由美国垦殖局开发用来启动干旱紧急救助基金发放工作的。像 $SWSI$ 一样，RDI 指数也是以流域为单元计算的。综合了气温、降水、集雪、径流和水库水位等项指标，还考虑了蒸发因素。与 $SWSI$ 不同之处在于指数中构造了一个基于气温的需求成分和持续期。RDI 适合于每一个特殊的区域，它最大的好处就是能够同时考虑气象和水供给因素。俄克拉荷马州已经开发了自己的 RDI 版本，计划用该指数作为州的干旱计划制定而设计的监测系统的工具之一。

RDI 最近被发展为一个定义干旱严重度和持续期、预测干旱阶段发生和结束的工具。RDI 指数设计的动力来自 1988 年垦殖干旱资助法，该法允许各州从垦殖局寻求资助来减轻干旱影响。依据上述指标进行干旱监测，所测得的指数可以绘制成图，表示气象、农业、水文和社会经济干旱的强度和动态过程，为各种水用户提供实时信息。

5.4 案例研究提出的干旱等级指标确定方法

用于判定干旱程度和主要干旱缺水问题的干旱等级指标，对于干旱时期的干旱管理行动是十分重要的。因为在干旱时期的干旱管理中，要依据干旱程度等级指标来判定干旱的严重程度和主要缺水问题，并依此作为触发点，来触发与各等级干旱相对应的干旱管理响应行动。

我国目前在用于干旱管理的干旱等级划分指标方面，研究还比较少。目前的一些单指标法只能反映干旱的某一个方面，不能对流域或地区干旱的发展阶段和程度做出总体的判断。而近年来我国各地在干旱管理中，多数情况是用受旱面积和人口作为判定指标，其问题在前面已经做了分析。其根本问题是，他反映的是干旱缺水造成的结果，而不是反映各干旱等级的主要缺水形态和程度。

多年来，国际上针对干旱管理的干旱等级指标研究比较多，其研究主要趋向于标准化，即试图研究出能够在任何地方都能够普遍使用的指标，用于可普遍应用的干旱管理决策支持系统软件中。但是，由于干旱的影响因素中，人类活动影响的作用很大，自然因素也很多，研究出一种通用的标准化的干旱等级标准模式十分困难，因此目前的成果都各有缺陷，难以拿来直接应用。

本书介绍的方法主要是按照干旱管理的实际需要，根据干旱发生、发展过程中不同阶段的主要缺水问题，来制定实用的干旱程度等级划分指标体系，使干旱管理响应行动与干旱等级直接对应。当判定某等级干旱发生时，就采取相对应的干旱管理响应行动。

5.4.1 干旱程度的等级划分

第 2 章第 2.1 节介绍了干旱发生和发展的过程及各阶段的主要社会经济影响。用于干旱管理的干旱等级判定，主要应根据干旱发展不同阶段对社会经济的影响来确定。按照干旱发展过程，随着干旱程度的加深，依次出现的是气象干旱、农业干旱、水文干旱、社会经济干旱。其中，社会经济干旱在农业干旱发生时即同时发生。我们可把社会经济干旱分为，因土壤水缺乏所引起的雨养农业干旱和因水文干旱引起的社会经济干旱。因水文干旱引起的社会经济干旱可包括灌溉、第二产业、第三产业、城乡居民生活用水的不足。其中，灌溉农业干旱即与因降水减少造成的土壤含水量下降有关，也与水文干旱造成的社会经济干旱有关。按照目前我国不同社会经济用水的用水保证率高低排序，灌溉用水的保证率最低，在北方一般为 75%；甚至是 50%；而第二、第三产业和生活用水的保证率一般为 95%~97%。因此，在上述因水文干旱引起的社会经济干旱中，灌溉农业的干旱会最先出现，随后出现第二产业、第三产业、城市居民生活用水的干旱。由于偏远山区农村的用水保证率很低，根据朝阳案例区的情况，在灌溉农业干旱发生时就会有偏远山村农民人畜饮水的困难发生

（这会因地区而不同）。

为此，按照目前我国一般把干旱划分为轻度、中度、重度、特大四个干旱等级，我们可对各等级干旱与干旱发展过程不同阶段所引起的社会经济干旱特征对应起来，从而确定不同等级干旱的主要社会经济干旱问题见表5.7。

表 5.7   各等级干旱及所造成的主要社会经济缺水问题表

干旱等级	造成的主要社会经济缺水
轻度	雨养农业缺水
中度	灌溉农业缺水，部分偏远山区居民生活缺水
重度	社会经济明显缺水、偏远山区居民生活缺水严重
特大	城市生活缺水、出现十分严重的社会经济缺水

表5.7可作为北方一般地区干旱等级划分的方法，对于不同地区，可根据本地区的特点进行调整。

5.4.2   干旱等级判定的指标因子

造成干旱的最根本原因是降水量与期望值相比的持续偏少。因此，分析不同等级干旱的发生应以降水量为主要指标因子。在不考虑人类活动影响因素时，降水与土壤墒情及地表和地下径流量有着十分密切的相关关系。从这个意义上说，降水的变化决定了所有气象干旱和水文干旱的变化，只要抓住降水这个决定性因子作为干旱指标就可以了。但是人类活动，特别是大量的取、用、排水已使径流的变化与天然径流状态下的变化有了很大的不同。因此，需要选择其他因子来反映在人类活动影响下的实际干旱缺水状况。

对于雨养农业和灌溉农业的干旱，直接的影响因子是土壤含水量。因此，对是否发生农业干旱应以土壤含水量作为重要指标因子。其中，灌溉农业干旱不仅与土壤含水量有关，而且与水文干旱有关。因为，当土壤含水量降低一定程度后，能否得到灌溉主要取决于水文干旱所造成的缺水程度。因此，也应考虑水文干旱的指标因子。在案例研究中，判定灌溉农业干旱没有设定水文干旱指标因子，主要是通过降水的减少程度来确定，这可以使干旱等级判定指标得到简化。

对于水文干旱所引起的社会经济干旱，除与降水有关外，主要与地表径流、水库蓄水、地下水、地表与地下水的水质有关。因此，应根据实际用水情况，把河流径流量、供水工程可供水量、地下水位作为评定指标因子。对于以融雪径流为主要水源的流域，要把气温作为主要因子加以考虑。对于跨流域调水在本流域用水中占很大比重的流域，不仅要考虑本流域的干旱影响因子，还应考虑与被引水流域蓄水量有关的干旱影响因子。

对于一个具体的流域或地区，确定干旱等级的指标因子，要根据本地的实际情况进行。在案例研究中，根据朝阳市大凌河流域的实际情况，对于轻度和中度干旱，因主要是农业干旱，主要选用降水和土壤相对湿度作为干旱指标因子。对于重度和特大干旱，主要选用降水和地下水位作为判定因子。因为在该流域，目前的用水主要是以地下水为主。2005 年，朝阳市大凌河流域总用水量 3.88 亿 m^3，其中地表水用水量 0.22 亿 m^3，仅占 5.7%，地下用水量 3.66 亿 m^3，占 94.3%。因此，没有必要选用地表水的相关因子作为因水文干旱引起的社会经济干旱的判定因子。

各地在选用干旱程度判定因子时，要根据本地的实际情况，一方面要保证通过这些因子能够比较准确地判断各等级干旱的发生；另一方面也要使指标因子尽可能地简化。

5.4.3 干旱等级指标的确定

在确定了干旱程度的等级划分，选定了判定干旱等级的指标因子之后，就要为各指标因子确定各等级干旱发生的判定值。这需要对历史上发生的历次不同程度的干旱进行分析，通过对历次干旱的干旱程度与发生这些干旱时指标因子的观测值进行匹配，最后综合分析确定。

1. 降水因子干旱等级指标的确定

降水作为干旱等级指标的主要判定因子，判断不同时间尺度、不同程度的降水减少所对应产生的干旱等级，可采用很多的算法。如距平法、百分比法、标准化降水指数（SPI）等。考虑SPI是表征某时段降水量出现概率的指标，能够适用于反映不同地区、不同时间尺度的旱涝情况，与降雨量百分比等方法相比较，能给出均方差统计值大小，可以更好描述缺水的严重程度。本案例研究采用了SPI的基本算法。

SPI指数以1个月的时段长度作为基本时间步长。对于轻度干旱（雨养农业干旱），是由土壤含水量的减少而引发。因此选用了以1个月为时段的SPI指数作为判定雨养农业干旱的降水指标，经与历史干旱的匹配确定，当作物生长期，以1个月为时段计算的SPI值在$-0.5 \sim -1.0$之间时，按降水情况可定义为轻度干旱（同时要考虑土壤相对湿度的指标），即雨养农业干旱。

对于中度干旱（灌溉农业干旱，部分山区出现人畜饮水困难），主要取决于是否能获得灌溉用水和人畜饮水，与水文干旱有密切关系，因此，选取了以6个月时段长度的SPI指数为干旱程度指标。经与历史灌溉农业干旱和人畜饮水困难的发生情况进行匹配确定，在作物生长期，以6个月为时段步长的SPI小于-1.0时，为降水对中度干旱的判定指标。

用SPI指数确定严重和特大干旱时，出现了问题。用各种时段长度的SPI指数与历史发生的重度干旱和特大干旱都难以匹配。通过深入分析发现，SPI是以单一时段进行指标计算的，而实际上在某一时间点之前不同时间的降水对本时间点流域缺水量的影响是不同的。对土壤含水量的影响，主要是近30天左右降水在发生作用，对地表径流的影响主要是年内雨季的降水在发挥作用，而对地下水而言，由于地下径流速度很慢，在复杂的水文地质条件作用下，跨年度或跨数年的降水都在起着重要的作用。多年调节水库的蓄水量也与连续多年的流域降水有关。往往特大干旱的发生是由于跨年度的降水持续严重偏少造成的。由于案例区是以地下水利用为主，若选择较短时段的SPI指数，如以12个月为时段，则不能反映12个月之前降水对地下水的影响；若选择较长的 24 个月为时段，又不能反映近期降水的主要作用，因为必定是近期降水对地下水的影响更大。

为此，提出了选择几个不同时段 SPI 指数，并赋予不同权重，来综合反映流域干旱程度的方法，定义为综合标准化降水指数（CSPI）方法。其计算公式为：

$$CSPI = \sum_i^n C_n SPI_n \qquad (5.33)$$

式中　$CSPI$——综合标准化降水指数值；

C_n——拟选时段长度 SPI 指数值的权重系数，$C_1 + C_2 + \cdots + C_n = 1$；

SPI_n——拟选时段长度的 SPI 指数值。

根据大凌河流域的降雨径流特性，和以地下水利用为主的用水特征，通过多种指标方案与历史实际发生的严重干旱和特大干旱的匹配和比较，采用了 12 个月、24 个月、36 个月 3 种时间长度的 SPI 指数，权重系数分别为：0.6、0.3、0.1，来计算 CSPI 指数。由于近期降水对流域内水资源可利用量影响最大，对以 12 个月为时段的 SPI 指数赋予了最大权重系数 0.6；以 36 个月为时段的 SPI，给予了最小的权重系数 0.1。通过与历史干旱的匹配确定，严重干旱的降水指标为：CSPI 指数在 −0.5～−1.0 之间；特大干旱的降水指标为：CSPI 指数小于 −1.0。其判定结果与历史干旱有着很好的吻合。以 1980 年 9 月～1984 年 7 月时间段为例，朝阳地区连续发生特大干旱，计算得出的综合 SPI 值都小于−1.0，为 I 级干旱，实际发生情况是全区持续大面积干旱，大面积农作物减产，有的农作物绝收，井水干涸，人畜供水紧张。

严重干旱和特大干旱是水文干旱所引起的，而水文干旱的变化过程是径流（包括地表径流和地下径流）对降水和蒸散发变化的响应过程。因此，从时间尺度来讲，取多长时段的 SPI 来描述对径流的影响，取决于流域降水径流的产汇流时间。在以地下水用水为主的流域，须考虑地下水蓄泄对降水的响应时间。所采用的时间长度一般应大于以使用地表水为主的流域。

2. 土壤含水量因子干旱等级指标的确定

在朝阳市大凌河流域的案例研究中土壤含水量因子主要是与降水因子一起用于判断轻度和中度干旱的发生，用相对土壤湿度指标来衡量。相对土壤湿度的指标是根据《气象干旱等级》（GB/T 20481—2006）确定的。按下式计算：

土壤相对湿度（R）＝（土壤含水量÷田间持水量）×100%

式中 土壤含水量——由各土壤含水量观测站所测得观测数据的算术平均值确定。

朝阳市大凌河流域的土壤基本上是中壤土，田间持水量按24%计算。

3. 地下水位因子干旱等级指标的确定

对于以用地下水作为主要水源的流域或区域，可用地下水位因子与降水因子共同来判断严重干旱和特大干旱的发生，在本案例区是用地下水埋深作为判断指标。主要做法是，在流域内各水文地质单元，选择有代表性的地下水位观测站，与历史上的严重干旱和特大干旱相匹配，分析确定每个站在严重干旱和特大干旱时的地下水埋深，然后把所确定的各站在严重干旱和特大干旱时的埋深值进行平均作为整个区域严重干旱和特大干旱的判定值。

在案例区，根据流域内水文地质单元的情况，选择了19个地下水观测站作为代表站，按上述做法确定，把以这19个站为代表的平均地下水埋深下降到7m作为严重干旱的判定指标；下降到7.6m作为特大干旱的判定指标。用上述指标与历史上实际发生的严重干旱和特大干旱进行比对，匹配效果很好。表5.8给出了案例区，朝阳市大凌河流域19个地下水观测代表站在严重干旱和特大干旱时地下水埋深和各站的算术平均值。

表 5.8　　　　　　　严重干旱和特大干旱时地下水埋深表

序号	站名	测井位置	地下水埋深（m）	
			严重干旱	特大干旱
1	四合当	凌源市四合当乡四合当村	4.5	5.0
2	哈巴气	凌源市乌兰白乡哈巴气	6.9	7.1
3	西高杖子	凌源市宋杖子西高杖子村	11.0	12.0
4	山咀子	凌源市凌北乡山咀子	6.2	6.8
5	南汤	喀左县南公营子镇南汤	6.5	6.7
6	东哨	喀左县东哨乡东哨村	8.0	8.5
7	房申	喀左县坤都营子乡房申村	6.0	7.0
8	深井	建平县深井乡小马厂村	5.0	6.0
9	南沟门	建平县青峰山乡南沟门	2.8	3.2
10	新地	建平县朱碌科镇新地	7.0	8.0
11	西营子	朝阳县木头城子镇西营子	6.5	7.0
12	南大营子	朝阳县柳城镇南大营子	14.5	15.0
13	赵家营子	朝阳县贾家店农场赵家营子	7.5	7.9
14	朝阳	双塔区龙山街中山营子	8.3	8.5
15	上桃花吐	双塔区桃花吐乡上桃花吐	5.5	6.0
16	八棱观	龙城区大平房乡八棱观	8.2	8.5
17	五间房	北票市五间房乡五间房	10.0	12.0
18	上十八台	北票市上十八台乡上十八台	6.5	6.8
19	上四万贯	北票市黑城子镇上四万贯	2.8	3.2
		平均	7.0	7.6

4. 最后确定的案例区干旱等级指标

最后确定的朝阳市大凌河流域干旱等级指标见表5.9。

由于Ⅰ级、Ⅱ级干旱的确定指标按近 12 个月、24 个月、36 个月的综合 SPI 指数和地下水埋深确定，Ⅲ级干旱按近 6 个月 SPI 指数和土壤相对湿度确定，Ⅳ级干旱按近 1 个月 SPI 指数和土壤相对湿度确定，互相间会产生交叉。这表明，在发生了严重干旱或特大干旱时，雨养农业干旱和灌溉农业干旱仍在持续，此时干旱等级应按干旱重的等级确定，同时，要继续做好雨养农业干旱的响应措施，对于灌溉农业干旱则应根据社会经济用水的实际短缺情况采取相应措施（见第7章）。

表5.9   朝阳市大凌河流域的干旱等级和判别指标体系表

干旱等级	干旱程度	代表颜色	造成的社会经济干旱	干旱等级判别指标
I	特大干旱	红	社会、经济严重缺水，部分城市发生生活用水困难	近12个月、24个月、36个月的综合SPI指数小于-1.0；且平均地下水埋深下降到7.6m
II	严重干旱	橙	产生社会、经济缺水，偏远山区农村人畜饮水困难加重	由近12个月、24个月、36个月的SPI值计算的综合SPI指数在-1.0～-0.3之间；且平均地下水埋深下降到7.0m
III	中度干旱	黄	灌溉农业部分缺水，雨养农业严重缺水，部分偏远山区可能发生农村人畜饮水困难	作物生长期，近6个月的SPI小于-1.0；且10～20cm深度土壤相对湿度（R）不大于50%
IV	轻度干旱	蓝	雨养农业缺水	作物生长期，本月SPI值在-1.0～-0.5之间，且50%小于10～20cm深度土壤相对湿度（R）≤60%

由于11月至次年4月降水量非常少，很少产生径流，已发生的水文和社会、经济干旱基本上不可能在此期间结束。因此，若按干旱指标确定的 I 级、II 级干旱结束时间在10月之后，则该级干旱的结束时间将延长至次年5月之后。

6

水资源模型及干旱缺水量的计算与预测

当发生由水文干旱引发的社会经济干旱时，为使仅有的水发挥更大的社会经济效益，对流域缺水量进行准确的计算，从而实现水资源的定量化管理，对减少旱灾损失具有重要的意义。现代水资源模型，为实现缺水量的准确计算提供了重要的工具。同时为缺水量预测也提供了工具。在严重和特大干旱发生时，由于水体水量减少使水环境容量减小，水污染问题会加剧。为了合理采取减轻污染的措施，通过模型对干旱缺水状况下的水质状况进行计算也是十分重要的。

目前，适应于各种流域特性和用于不同用途的水资源模型和水质模型软件很多，各地区可根据本地的实际情况进行选择。在朝阳市大凌河流域案例区，采用丹麦 MIKE BASIN 模型软件，通过模型的建立，进行流域缺水量的模拟计算。采用美国 Qual2K 水质模型软件，通过建模，进行流域水质状况的模拟计算。

6.1 模型简介

6.1.1 水资源模型

MIKE BASIN 是由丹麦水利研究院开发的，完全与 ArcGIS 整合的模型软件。它是一个综合河网模拟系统，包括降雨径流模型和水量分配模型。MIKE BASIN 分为两种软件包：MIKE BASIN BASIC 和 MIKE BASIN EXTENDED，前者包括 Temporal Analyst 模块和 NAM（降雨径流模块），后者是 MIKE BASIN BASIC 加上流域自动描述功能，具有空间分析能力，可以进行河网自动生成及流域自动划分。

NAM 模型：该模型是一个降雨径流模型，包括在 MIKE BASIN 软件包中。该模型是一个集总式、概念性降雨径流模型，他将含水层分为四个相互作用的储水层，分别为储雪层、地表储水层、根区储水层、地下储水层，而坡面流、壤中流和基流是作为相应储水层中含水量的函数来进行模拟的。NAM 模型结构见图 6.1，NAM 模拟产汇流过程见图 6.2。

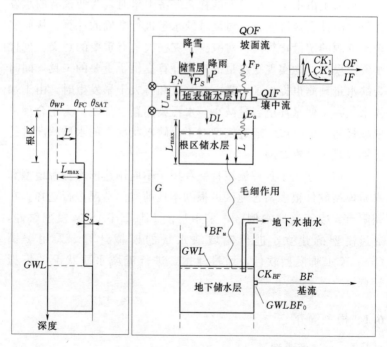

图 6.1 NAM 模型结构

水量分配模型是把 NAM 的结果数据作为输入，与各种取排

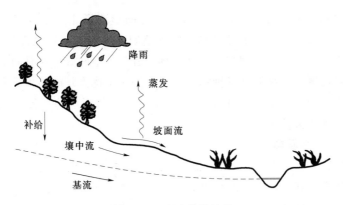

图 6.2 NAM 模拟过程

水数据做水量平衡,找出每个时间步长的稳定解。其中考虑了用水户实际的取回水方式、水库调度规则、水电站影响等因素。

另外,还可以在水文循环中加入人为干预,如灌溉和地下水抽水。降雨径流模型可以在每个子流域中使用,也可以用于代表一个或多个产生旁侧入流到河网集水区。可以应用来模拟复杂的大型流域,将包含有众多子流域和复杂河网的大流域建立在同一模型框架里。

水质(WQ)模块是 MIKE BASIN 添加模块:该模块并不包括在 MIKE BASIN 软件包中,需要单独添加。该模块可以模拟一些影响水质的最重要的物质传输过程〔项目有氮(N)、磷(P)、溶解氧(DO)、生物需氧量(BOD)、大肠杆菌等〕。对所有物质采用一级降解率来描述其降解过程,其中还包括转换过程如硝化和反硝化等过程,在河流水质模拟上包括了演算过程来反映物质在河流中的滞留过程及与水流的混合影响,还可以宏观地模拟地下水及水库的水质问题。考虑模型成本和简易性,本书中水质分析没有采用 WQ 模块,而是采用 QUAL2K 水质模型。

Temporal Analyst 模块:该模块是 DHI 独创的一个 GIS 扩展模块,该模块将时间维数添加到了 GIS 空间技术中,使空间与时间紧密结合起来，可直观显示与图形要素相关联的时间序列，并可进行各种统计计算、图表绘制，可作为前后处理模块。该模块可以给水管理相关的利益相关者演示空间数据在时间上的分布情况。这种数据管理和分析工具的一个优点是能够集成水资源模型的输出结果，并在 GIS 中显示水资源管理的各种预案以及其他相关信息。

6.1.2　水质模型

Qual2K 模型是一维模型，因此假设条件为在垂向和横向混合良好。它是一个稳态模型，因此流量和水质不会随时间变化。模型可以模拟水质昼夜变化（由于温度和阳光的昼夜变化）。Qual2K 是由带有 VBA 宏命令的 Excel 电子表格和 FORTRAN 程序编制成的。

用户输入水力学、水质和气象数据。模型的入流、排污和取水见图 6.3。对于所有这些入流和排污，必须提供流量和水质数据。对于取水，只需要流量，因为模型假设取水点水质和整条河流水质相同。

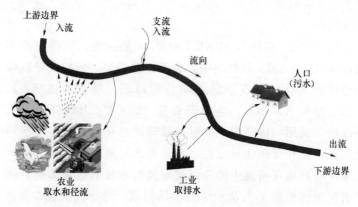

图 6.3　模型入流、排污和取水示意图

模型的水力参数见图 6.4。包括不同位置河道横截面积、溢流堰、水库和大坝的尺寸和参数以及河流河底坡降。模型中也可以包括水位流量关系曲线。

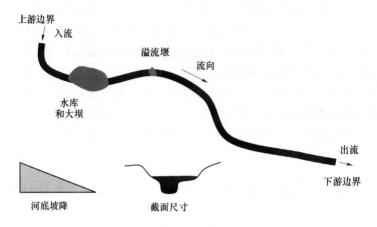

图 6.4　模型水力参数示意图

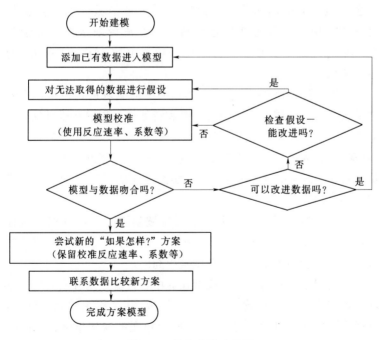

图 6.5　简化建模过程图

简化建模过程见图 6.5。数据输入模型，没有数据的地方采用假设。模型在已有数据的基础上校准。如果校准不能让模型与数据吻合，可能需要收集更多的数据，或者改善数据处理。假设也应当经过检查修订确保其符合现实情况。模型的建立是一个反复的过程，不能期望模型和数据能够立即达到完全一致。建模过程中常常提出数据缺失的问题，这使得研究者能够将注意力放在具体的数据集上。校准成功后，保留同样的反应速率和系数用于"如果怎样？"方案研究。

6.2 流域缺水量计算、预测与用水量紧急限制方案的情景分析

当发生由水文干旱引发的严重干旱和特大干旱时，流域内会出现全面的用水紧张，此时干旱管理最重要的职责就是科学的利用水，而此时若能准确的计算流域缺水量，对于整个干旱管理是十分重要的。这可以通过流域 MIKE BASIN 的建立来实现。

MIKE BASIN 模型是对人类影响下的流域进行模拟，把各类供水工程与流域的天然径流机制和特征作为流域模拟对象。模型的建立中，要把各类流域特性参数、供水工程特性参数等基本参数数据录入模型中，然后输入流域的降水、蒸发、各行业用水量（农业、工业、生活用水等）、实测径流的时间序列，进行模型参数率定。

图 6.6 给出了，朝阳市大凌河流域朝阳水文站的拟合过程线，上图为流域径流累计曲线的拟合，下图为流域径流过程线的拟合。可以看出模型拟合的精度是很高的。

在朝阳市大凌河流域的模型建立中，把流域划分成 8 个子流域，再与 7 个县级行政区界嵌套，形成 30 个用水单元。这样，当严重或特大干旱发生时就可对 30 个单元的缺水量进行准确的计算，模型以日为时段进行计算。

在模型应用中，要随时把新的降水、蒸发时间序列数据录入

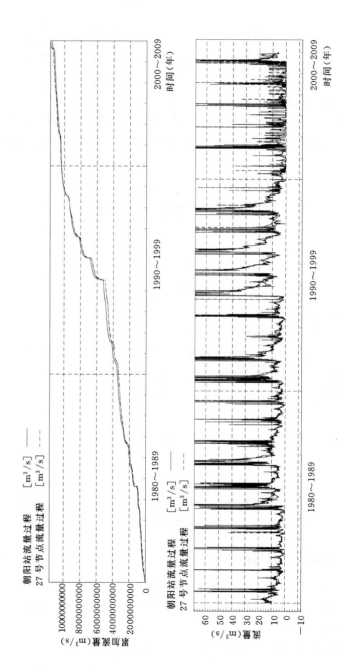

图 6.6 朝阳水文站径流模拟结果与实测数据比较

模型中，每年初要对模型中各用水户的用水量数据时间序列进行复核，发生变化的进行修改，并随时根据用水户的用水量变化进行修改，这样在严重干旱或特大干旱发生时就可在很短的时间内计算出各子流域的缺水量。

在严重或特大干旱发生时，要制定用水量紧急限制方案和进行科学的用水调度，此时可运用模型进行各种方案下水资源供需平衡的情景分析，通过模型计算来确定最合理的方案。

在中国北方的很多地区，枯水季节降水量很少，一般很少产生径流。以朝阳为例，降水主要集中在5~10月，其他月份的降水一般很少产生地表和地下径流。因此，每年10月主要降水季节结束之后，至次年5月之前的流域径流量（地表、地下）就已经确定了，第二章表2.9，图2.6、图2.7可明显的反映这种情况。由此，可通过Mike Basin模型对这一期间的地表和地下径流量进行比较准确的预测，并根据用水情况进行缺水量预测。

虽然目前的科学发展水平对中长期降水预测的精度还不能令人满意。但是，随着气象科学的发展，国际、国内的中长期降水预报，对于干旱管理还是有很好的预警作用。特别是，在春播时期，更多的获取这些预报成果，提供给农民，这对农民的种植作物选择是有帮助的。在干旱管理过程中，获取各方面的中期降水预测，并据此通过模型计算流域缺水量，可用以进行干旱风险的预警。

另外，对于农业干旱，建立土壤含水量分析、预测模型，通过降水、蒸发和影响蒸发的气温因素来分析预测土壤含水量的变化，对于指导农业的减灾措施具有重要的作用。

6.3　河流水质模拟与预测

干旱发生时由于河流流量减少会造成环境容量的大幅降低，从而使河流污染加剧。因此，为了减少干旱造成的环境影响，干旱情况下的水污染控制是干旱管理的重要内容。QUAL2K水质模型的建立为污染的有效控制提供了重要工具。

当水文干旱所引发的中度以上干旱发生时，河流流量就会明显减少。此时向模型录入河流流量数据和排污口排污数据，就可以准确计算出河流各断面的水质数据。从而使干旱管理根据这些水质分析数据和水功能区水质要求采取措施。其中，河流流量数据可根据规定的河流最小环境流量来确定，也可根据河流实际流量确定。

在干旱管理方案制定中，可根据各种备选方案的排污减少量和水量模型计算的河流径流量模拟河流水质情况，来辅助进行方案选取和修正。

在枯水季节可根据水资源模型预测的径流量、现状用水情况下的排污量，对河流水质进行预测。

7

干旱管理的行动措施和触发点

当根据干旱风险评估，确定了所发生干旱的干旱等级后，就立刻触发该干旱等级下针对主要干旱缺水问题的干旱管理行动措施。在日常工作中，要随时做好应对干旱发生的准备工作。本章以朝阳市大凌河流域为案例，介绍了日常情况下和各等级干旱发生时应采取的措施和行动，以及这些行动方案的制定方法。

7.1 日常干旱管理行动

根据案例区的实际情况，制定了日常干旱管理行动见表7.1。日常工作内容应根据各地的实际情况进行制定，并在执行过程中根据情况变化和实际需要进行修改和完善。

表 7.1　　　　　　　　日常干旱管理行动

行　动	时间表
持续的干旱监测	不间断地进行
随时收集国际、国内的降水及各种与干旱有关的气象、水文预测信息	随时进行
回顾年度供水工程、取水许可及用水的变化情况，并录入模型	每年1～2月
确认与关键用水户的联系电话等通信方式	每年1～2月
更新取排水数据库和情景表格	每年1～2月

行　　动	时间表
根据各方面的年度变化和干旱管理年度工作总结对干旱管理规划进行修订	2月完成
适时进行干旱预测	随时进行
召开指挥部或指挥部办公室年度干旱管理会议	2月或3月
进行必要的干旱演习（根据发生过的干旱，检验准备工作是否就绪，实施规划中制定的行动是否存在问题）	4月
根据监测和预测信息，每月编制并报送《干旱月报》	每月1次
做好应对可能发生干旱的准备	随时进行
开展干旱管理培训，提高干旱管理能力。按照各级、各部门人员的干旱管理职责和管理内容分批、分期进行	根据需要确定
分行业开展节水管理培训	根据需要确定

7.2　轻度干旱的基本管理措施和行动

轻度干旱是发生雨养农业的干旱，当根据干旱程度指标判定轻度干旱发生时，触发轻度干旱响应行动。

当轻度干旱发生时，针对雨养农业干旱，采取的基本措施包括：向农民提供大量的干旱、干旱管理和其他生计信息，向农民提供抗旱栽培的技术指导和知识培训，帮助农民提高抵御干旱和干旱情况下的生计能力，使农民根据自身情况和获取信息、技术自主采取减灾行动（如选择耐旱作物、采取抗旱栽培的种植方式或在必要时通过打工等方式另谋生计）。此时的工作方式是向农民提供帮助和建议，农民视情况自愿采取措施。

具体行动包括：

（1）通过各种媒体，及时向农民发布已发生雨养农业干旱的信息。向农民提供降水量、土壤含水量观测数据和预警信息，提供其他干旱情况信息，对干旱情况对各种农作物的具体影响进行介绍。使农民对干旱的现状、未来的发展趋势和可能带来的影响有一个明确的了解。

（2）由农产品经济专家通过各种媒体向农民介绍各种农产品的供需情况和价格情况的现状和预测，特别是市场紧缺的耐旱农产品种类和价格。

（3）由农业专家向农民讲解在当时季节和当时干旱情况下种植什么、如何种植可能会收到更大的经济效益。请有经验的农民讲解自己如何根据干旱情况适时种植的经验，使农民根据农时选择耐旱作物和栽培技术，进行抗旱的田间管理。

（4）由农业专家、农业经济专家、有经验农民进行种植品种和种植方式的电视讨论或其他传媒形式的论坛。

（5）向农民提供外出务工等更多的与农民生计相关的信息。

（6）由农业部门技术机构的农业技术人员深入农村进行抗旱和农业技术指导。

（7）政府出资举办各种形式的培训班，向农民提供抗旱栽培的技术和知识。

（8）向农民提供农业生产资料供应、融资等方面的帮助。

（9）对于春旱采用保墒种子，政府可在这方面给予帮助和扶持。

（10）当旱灾发生后，对旱灾进行评估，鼓励农民自救，政府给予扶贫。此时应把总体干旱情况及时告知农民，使其尽早对总体情况知情，对灾后恢复早作打算。

（11）对于受灾严重的进行必要的救助。政府在采取救助和扶贫时应努力做到公平。同时应把干旱后的帮扶和救助纳入社会保障体系。

（12）持续关注干旱变化情况，为可能出现的中度干旱做好准备。

7.3　中度干旱的基本管理措施和行动

当发生中度干旱时，雨养农业出现严重缺水，灌溉农业出现缺水，少量偏远山区可能出现农村人畜饮水困难。当根据干旱等级指标判定中度干旱时，触发中度干旱响应行动。

对中度干旱的基本管理措施包括：

（1）针对更严重的雨养农业干旱和无法获取灌溉用水的灌溉农田，继续采取轻度干旱时针对雨养农业干旱的干旱管理行动。

（2）针对灌溉农业缺水，采取缺水灌溉（也称有限灌溉）和节水灌溉的方式进行灌溉，使有限的水发挥更大的边际效益。

（3）关注边远山区农民人畜饮水困难的发生，对严重的给予帮助。

当根据第5章第5.4节干旱判别指标和干旱实际情况判断发生了中度干旱时，触发中度干旱的管理行动。此时的干旱管理行动主要围绕以下几个方面进行：

（1）根据雨养农业干旱发展的实际情况和季节，持续进行轻度干旱时所采取的雨养农业干旱管理行动。

（2）对雨养农业干旱所产生的灾害进行评估，鼓励农民自救，政府给予扶贫和救助。把雨养农业干旱的灾害总体情况及时告知农民。

（3）组织乡镇水利站人员到各村指导农民和村灌溉工程管理人员进行节水灌溉。

（4）制定干旱时期的缺水灌溉定额和灌溉制度，实行缺水灌溉。限制高耗水低效益作物的灌溉，通过各级灌溉组织对干旱时期节水灌溉进行监督。

（5）政府出资，对灌溉管理员和农民进行缺水灌溉和节水灌溉的培训，使农民掌握缺水灌溉的灌溉制度和节水灌溉的技术方法。

（6）确定灌溉管理人员对灌溉用水进行准确、完整记录的职责，并监督实施。根据目前农业灌溉用水计量的实际情况，对地下水灌溉可采取记录每日开机时间、水泵单位时间额定出水量、灌溉面积的方式来进行计量。

（7）实施公平的灌溉。乡镇水利站、村民委员会要发挥组织、协调作用，听取农民的意见，在农民参与下，以公平的方式实施缺水灌溉和节水灌溉。

（8）适度控制灌溉用水，从而尽可能避免更严重的社会、经济缺水。

（9）加强偏远山区地下水观测和农村饮用水困难的预测分析，通过农村基层组织，及时掌握偏远山区农民人畜饮水困难方面的情况。

（10）鼓励农村居民及早进行自救，鼓励农村居民互相帮助，要求农村基层组织发挥积极作用。对出现人畜饮水困难的村民提供供水帮助，保证他们的基本用水。

（11）持续关注干旱变化情况，对可能出现的严重干旱做好准备。

7.4 取水紧急限制规则与严重干旱的基本管理措施和行动

7.4.1 实施取水紧急限制的规则和方法

当发生严重或特大干旱时，因社会、经济缺水的发生，保证流域或区域内的全部用水是不可能的。需实施取水量紧急限制来控制用水需求，通过限制低效益、高污染用水来保证高效益用水。这是在干旱时期提高用水效益、减少旱灾损失的明智做法。在这个过程中，同时要通过优化调度的方式来减少缺水量。

1. 实施取水量紧急限制的基本原则

实施取水量紧急限制应遵循以下原则：

（1）公平原则。实施取水量紧急限制要公平的进行。因此，要采取公开透明的方式进行。在行政程序上，实施用水量紧急限制要制定用水量紧急限制方案，经政府干旱管理机构（防汛抗旱指挥部）批准后实施。用水量紧急限制方案的制定要依据干旱管理预案（或规划）所确定的规则来制定。为保证公平，干旱管理预案（或规划）中有关用水紧急限制的规定，特别是用水优先级的排序，应公开发布，并征求公众的意见。同时，在严重或特大干旱发生时，用水量紧急限制方案，经政府干旱管理机构批准后，除向被限制用水的用水户通知外，还要就整个限制方案进行社会公布，接受监督。

（2）高效原则。取水量紧急限制，在干旱时期水资源可利用量无法满足全社会用水需求情况下实施。实施取水量紧急限制，要通过限制低效益、高污染的用水，来保证高效益用水，从而使水资源产生的总体效益最大，减少因干旱缺水造成的损失。一般来说，高污染用水也是低效益用水，因为其造成的污染增加了社会的环境成本。

（3）可持续原则。在干旱缺水时期，除非影响到生活用水，否则上游应预留水量使下游河道保留最小环境流量。要控制污染物的排放，限制高污染用水时，要同时考虑降低污染负荷的需要。由于严重缺水时环境容量降低，因此，要更加防范污染事故的发生。

（4）依法办事原则。实施取水量紧急限制要按照国务院《取水许可和水资源费征收管理条例》依法进行。

（5）尽量避免损失的原则。实施取水量紧急限制，要给用水户留一定的时间进行准备和善后处理，避免因突然限水造成经济损失。为此，要制定停、限用水期限的规则。

2. 用水优先级的制定

限制低效益、高污染用水可通过对流域或区域的各类用水进行优先级排序进行。这样，当严重或特大干旱发生时，就可根据干旱缺水量从优先级最低的用水开始进行用水限制。用水优先顺序要在干旱管理预案（或规划）中提前制定，否则等干旱发生时再制定将贻误时机。

制定用水优先级可采用以下方法：

（1）收集核实流域或区域内所有取水户的取水许可档案和实际取水量的计量数据。

（2）对所有取水户按用水行业进行详细分类。分类时要考虑经济、社会、环境效益相同或相近性。要对每类用水行业中包括的所有用水户有明确的记录。

（3）依据其社会、经济、环境综合效益，对取水户进行用水优先排序。

（4）为保证公平，用水优先级的排序要以公开透明的方式进行。用水优先级的排序可首先由防汛抗旱指挥部办公室制定初步方案，再由指挥部召集成员部门进行讨论修改，然后向社会公开征求意见，最后由指挥部召开会议讨论决定，向全社会发布。

根据朝阳市大凌河流域案例区的实际用水情况对流域内的各行业用水进行了排序，并编入《朝阳市大凌河流域干旱管理规划》中，见表7.2。表中列出了流域内各行业用水的优先级排序，并列出了排序的原则理由。

表7.2 朝阳市大凌河流域用水优先顺序排序和排序原则

优先顺序号	各行业的用水优先顺序	优先顺序制定原则
1	基本生活用水需求	生活用水是优先要保证的，但必须是有节制的，干旱时期要高度节制，要使人人都遵守用水自律
2	最小环境用水	在优先保证生存用水的基础上，其次要保证环境所需的最小用水量，同时，要考虑对流域下游重要饮用水源的影响
3	重要的工业用水	重要的工业企业，如发电厂等经济支柱企业，涉及整个国计民生，是经济用水中应优先保证的
4	蔬菜灌溉用水	蔬菜灌溉用水对于保证城乡居民的当下生活十分重要，应尽可能保证
5	一般工业用水	一般工业用水对于经济有着重要的作用，应尽可能保证
6	生活奢侈用水	生活奢侈用水，只影响人们生活的舒适度，对人们的生活没有本质影响。因此，在进入I级、II级干旱时应首先加以控制
7	旱田作物灌溉用水	旱田灌溉涉及农民利益和粮食安全，但I级、II级干旱时，考虑最终的经济效益，需要作必要的舍弃
8	铁矿、其他矿业及严重污染企业用水	铁矿用水和其他矿业和选矿用水，虽然对朝阳经济增长带来好处，但也造成很多环境问题。另外，矿业在干旱期短时间停止开采和加工，并不减少矿产本身的价值，只影响短时经济效益。因此，枯水年少生产、丰水年多生产，可作为一个长期策略。当发生干旱时，首先限制污染企业用水，可得到减少用水需求和控制污染的双重功效

表 7.2 中，最小环境用水量是根据朝阳水文站 1970～2006 年期间，历年 12 月至次年 2 月实测流量系列，按 95% 保证率计算确定的。设计最小环境流量为 2.39m³/s。在制定取水量紧急限制方案时，在保证基本生活供水的情况下，要保证环境最小流量。

表 7.2 中，生活奢侈用水包括：

(1) 清洗交通工具（除了为安全或卫生原因的洗车），尤其是城市中心地区的机器洗车。

(2) 公众和商业企业浇灌花园。

(3) 用于景观美化的洒水车。

(4) 清洗建筑物用水（除了出于安全或卫生原因）。

(5) 公共喷泉。

(6) 装饰性的池塘用水。

(7) 景观的用水和耗水。

朝阳市大凌河流域现有的市自来水公司和凌源、建平、喀左、北票自来水公司的基本生活供水具有最高的优先级。这意味着：

(1) 保证的是这些自来水公司为满足基本生活供水的取水，不包括自来水公司的其他次要供水和奢侈供水。

(2) 当子流域中其他次要取水与自来水公司为基本生活用水的取水发生冲突时应通过削减其他取水来保证自来水公司的基本生活用水取水。

(3) 同样，当其他次要用水影响到农村生活用水时，应停止或限制这些取水，以保证村民基本生活用水。

根据朝阳市大凌河流域的现有工业企业状况，共确定了 38 家企业作为重要的工业企业用水取水单位，这些企业是朝阳市的支柱企业，保证其用水可使该地区的经济不受大的损失。各子流域当发生社会、经济缺水时，在保证基本生活用水、最小环境用水的基础上，要尽可能削减其他次要用水来保证上述企业进行生产的基本用水。

在朝阳市大凌河流域，铁矿、其他矿业及严重污染企业用水占很大的比重。2005年，朝阳市大凌河流域铁矿、其他矿业及严重污染企业用水量为5372.81万 m³，占朝阳大凌河流域全部工业取水量56%，占全流域总用水量的13.8%，且污染严重，是流域内污染负荷主要来源。因此，在严重干旱或特大干旱时期，限制这方面的用水，对于解决缺水问题和污染问题都会有很大的作用。

3. 取水量紧急限制方案制定

当发生严重或特大干旱时，实施用水量紧急限制，这首先要制定取水量紧急限制方案。取水量紧急限制方案可按以下方法制定：

（1）根据随时输入模型中的流域降水、蒸发等监测数据和流域用水数据，进行全流域的模拟，计算各用水单元的缺水量。

（2）通过优化用水调度方案来减少用水单元缺水量，用模型对各种方案的供需平衡情景进行模拟，进行方案比选。

（3）在优化供水方案的情况下，根据各用水单元仍存在的缺水量，从本单元优先级最低的用水户开始进行用水量核减。

（4）用模型对核减后的用水情况进行供需平衡情景分析，初步拟定要限制的取水户和取水量。

（5）用水质模型对初步拟订方案下的河流水质状况进行模拟，根据模拟结果分析评定流域水资源的水质状况。根据水功能区水质要求，进一步用模型模拟来确定总量控制限排方案。

（6）在方案制定中，各单元的利益要服从全流域利益。特别是上游流域的单元在保证基本生活用水的情况下，要保证下游的最小环境流量。

（7）在上述工作基础上，拟订用水紧急限制方案送审稿。经防汛指挥部会议讨论批准后向社会公布，并按取水许可制度和本地制定的行政程序进行实施。

7.4.2 严重干旱的基本管理措施和行动

严重干旱的发生将导致社会、经济缺水，偏远山区农村人畜饮水困难将进一步加重。在多数情况下，农业干旱问题也将持续并可能进一步加重。根据干旱等级指标判定严重干旱发生时，启动严重干旱响应行动。

发生严重干旱时的基本干旱管理措施包括：

（1）根据缺水情况，在优化供水调度的情况下，制定用水紧急限制方案并实施，通过限制低效益、高污染用水来保证高效益用水，从而减少旱灾损失。

（2）通过经济机制和激励机制促进干旱期间公众和各类用水户的节水自律。

（3）进一步关注偏远山区农村人畜饮水困难问题，继续采取和加强中度干旱时保证农村人畜饮水的行动。

（4）继续关注农业干旱的发展状况，并对仍持续或加重了的农业干旱，继续采取相应的干旱管理行动。

严重干旱的管理主要采取以下行动：

（1）制定用水量紧急限制方案，并按干旱管理程序进行实施。并在随后的干旱管理中，根据缺水量的变化对用水量紧急限制方案进行调整。

（2）对取水单位或个人实施取水量紧急限制和排污控制的实际情况进行监督。

（3）对取水户的取水进行比非干旱时期更严格的监督。

（4）实施污染物总量控制，对污染企业的排污进行比非干旱时期更严格的监督。

（5）采取水价机制抑制用水需求，在干旱管理预案中制定严重干旱和特大干旱时期的促进节水价格方案，启动干旱时期水价格方案。

（6）加大节水宣传力度，号召全社会进行节水自律。

（7）加大对节水行为的表彰力度，公开在媒体进行表彰宣传。

（8）继续关注并解决偏远山区农村人畜饮水困难问题。继续并加强针对农村人畜饮水困难的干旱管理行动。

（9）对雨养农业干旱进行持续的关注，继续实施雨养农业的干旱管理行动。

（10）把农业灌溉用水纳入取水量紧急限制的范围，对限制用水情况下得不到灌溉的地方采取雨养农业的干旱管理措施。

（11）持续关注干旱变化情况，对可能出现的特大干旱做好准备。

7.5 特大干旱的基本管理措施和行动

特大干旱的发生将导致社会、经济严重缺水，部分城市发生生活用水困难。同时，农业干旱仍在持续，并可能加重。当根据干旱等级指标判定特大干旱发生时，启动特大干旱响应行动。

发生特大干旱时的基本干旱管理措施是采取比严重干旱时更加严格的干旱管理措施，实施更严格的水资源管理，尽最大可能调动全社会的节水积极性，避免因缺水对特殊群体造成危害。

特大干旱的管理主要采取以下行动：

（1）根据更严重的缺水情况，制定并实施用水量紧急限制方案。

（2）实施更有力的水价政策，抑制用水需求。

（3）加强用水计量的监督管理。水行政主管部门要加强取水单位和个人的用水计量，自来水公司要加强对供水居民和单位的取水计量。缺水时用水户更容易不按规定的用水方式用水。此时，加强用水计量和计量管理是保证其他行动措施生效的基础。

（4）对城市生活用水中的奢侈用水进行更严格的限制，对违规者进行严厉处罚。

（5）通过大量的宣传、教育，使市民采取更严格的家庭节水。

（6）强化机关、企业、事业单位的生活和生产节水。如：楼内无人时，自动冲水的厕所水箱等用水设施应当停用。

（7）采取紧急调度措施，解决部分城市生活用水的缺水问题。

（8）自来水公司采取非常措施，如适当减少供水时间，以减少用水量。

（9）自来水公司采取非常措施保证医院、学校等部门的用水。

（10）自来水公司加强对用户用水的监督和节水指导，禁止供水居民把水用于非生活方面。

（11）加强对污水处理厂污水处理的有效监督管理。

（12）把解决农村人畜饮水困难作为政府工作的重要内容。

（13）持续和加强严重干旱时期的干旱管理行动。

8

干旱管理的组织体系及行政程序设计

　　干旱管理对于政府而言，是减少干旱对整个社会所造成灾害的公共管理行为。政府通过一系列的政策、措施来调动、协调全社会的力量，通过直接控制、经济手段和激励机制来合理配置资源，约束不合理行为，帮助弱势群体，促使干旱缺水状况下水资源的高效、公平和可持续利用，从而减少旱灾对社会、经济和环境所造成的损失。在整个社会的减灾行动中，政府的公共管理起着十分重要和关键的作用。因此，政府机构在干旱管理中的工作效率和效能对于是否能有效地减少旱灾损失十分重要。

　　传统的干旱管理更多的是一种简单、粗放的管理，而新的干旱管理是一种定量的、精细的、更追求效率和效能的管理，这需要采取一系列具体的、系统的、准确的措施和行动，这要求政府对干旱的公共管理也更加具体、严密、周全、协调，从而更有效的减少干旱灾害。为此，建立合理的干旱管理组织架构，明确的机构和个人职责体系，严密的行政程序是非常重要的。同时，要在此基础上加强政府部门之间及政府与社会的交流，通过协调一致的政府公共管理和全社会的努力来减少旱灾。实施有效的干旱管理，政府和各政府部门都需要一定的人力财力投入，保证必要的投入也是做好干旱管理的必要条件。

　　本章就建立合理的干旱管理组织框架与职责体系，严密的行政程序，周密的交流计划和必要的人力、财力投入等方面介绍了朝阳市大凌河流域案例的具体方法。

8.1 干旱管理组织、职责体系设计

8.1.1 干旱管理行政组织机构的基本组成

我国干旱管理的行政机构是县以上各级政府的防汛抗旱指挥部（以下简称"指挥部"）。各级指挥部同时负责洪水灾害管理和干旱灾害管理。各级指挥部由本级政府的行政首长与政府各相关部门的人员组成。各级指挥部按照分级管理的原则来负责本辖区的干旱管理工作。这适应了各地干旱管理工作的实际需要。

目前各级指挥部中包括的政府部门主要有发展和改革委员会、经济委员会、农村经济委员会、水利、气象、财政、国土资源、粮食、林业、环保、住房和城乡建设、渔业、民政、卫生、媒体、公安、保险、安全生产、电力、通信、交通等部门。这些部门的加入对于指挥部全面把握干旱和干旱危害、周密合理地进行决策和行动方案制定、决策和行动方案的组织实施具有重要的作用，是合理的组织构成。

各级指挥部基本上都下设防汛抗旱指挥部办公室（以下简称"指挥部办公室"），通常设在水利部门，作为指挥部的办事机构负责干旱管理的日常事务和具体事务。由于干旱管理的本质是针对干旱的水资源管理，而水利部门作为水行政主管部门负责水资源管理工作，这一设置是非常合理的。

通常在指挥部或指挥部办公室设置若干组，设置方法各有不同，其目的是分别管理具体的干旱管理事务。通过案例研究，根据干旱管理的工作内容，再进一步设置一些具体工作小组是很必要的，但这些组设置在指挥部办公室比较适宜。因为，指挥部主要是决策机构，而指挥部办公室是办事机构，这些组主要是从事更具体的工作，设置在指挥部办公室更加合理和有利于工作的开展。

指挥部办公室内部机构的设置，应与政府对干旱灾害实施公

共管理的具体职责和任务相适应。根据政府干旱管理过程中实际工作的需要，在指挥部办公室内设置干旱风险评估、干旱管理实施、干旱信息发布和专家组等4个组更加有利于各项工作的开展。其中，干旱风险评估组，主要负责干旱的监测、干旱等级评估、干旱缺水量计算、缺水量和旱情预测、干旱管理行动方案制定等工作内容；干旱管理实施组主要负责各项干旱管理行动措施的实施；信息发布组，主要是向全社会提供干旱和干旱管理的信息，这对于干旱管理是十分重要的；专家组则从专家的角度对整个干旱公共管理提供咨询和指导意见。通过研究分析，对案例区干旱管理组织机构的基本设置如下：

朝阳市干旱管理，在辽宁省防汛抗旱指挥部的领导下，由市防汛抗旱指挥部统一指挥。本行政区内各县（市、区）防汛抗旱指挥部服从市指挥部的领导。

指挥部下设朝阳市防汛抗旱指挥部办公室，设在水务局。指挥部办公室设置以下四个组：①专家组；②干旱风险评估组；③干旱管理实施组；④信息发布组。

朝阳市干旱管理组织机构见图8.1。干旱管理组织机构按各自的职责和行政程序开展干旱管理工作，从而对干旱作出准确的应急响应，并把灾害减少到可能的最低程度。

8.1.2 组织机构的具体设置与职责

在传统的干旱管理中，干旱管理机构和机构内各组成部门的职责都是非常笼统的，这是造成粗放型管理的一个重要原因。为了使干旱管理组织机构的职责更加具体和明确，案例研究中对于各机构职责设定提出以下具体方法：

（1）按照指挥部在干旱管理中要采取的所有具体措施和行动（主要是第7章确定的行动内容，也包括第5章、第6章提出的需要做的工作），确定干旱管理的具体工作内容。

（2）按照各政府部门在现行行政体系下的部门职责，把干旱管理的具体工作内容分解到各个部门。

（3）同时，根据指挥部、指挥部办公室、办公室各组的基本

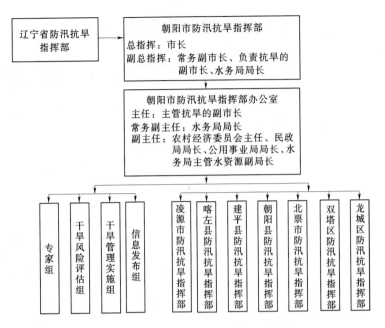

图 8.1　朝阳市干旱管理组织机构图

划分原则和各项工作内容之间的联系把各项干旱管理的具体工作内容划分到各个机构中。

据此，确定的朝阳市干旱管理机构的职责如下。

1. 朝阳市防汛抗旱指挥部

朝阳市防汛抗旱指挥部的干旱管理职责是：在辽宁省防汛抗旱指挥部领导下，负责朝阳行政区干旱管理的行政领导、协调与决策。指挥部总指挥、副总指挥及职责见表 8.1。

指挥部成员为以下政府部门的负责人。包括：

朝阳市人民政府办公室、朝阳市发展和改革委员会、朝阳市财政局、朝阳市农村经济委员会、朝阳市民政局（包括扶贫办）、朝阳市水务局、朝阳市环境保护局、朝阳市公用事业局、朝阳市商业和粮食局、朝阳市林业局、朝阳市气象局、朝阳市水文局、朝阳市广播电视局、朝阳市卫生局、朝阳市供电公司以及凌源市防汛抗旱指挥部、喀左县防汛抗旱指挥部、建平县防汛抗旱指

表 8.1 总指挥、副总指挥及职责

职 位	作 用 和 职 责
总指挥：市长	（1）负责全市干旱管理工作的行政领导和协调。包括对所属各市、县、区防汛抗旱指挥部干旱管理工作的领导与协调。 （2）决定召开并主持指挥部干旱管理会议，对会议决定做最终决策。 （3）根据指挥部办公室提供的干旱信息，对严重干旱和特大干旱的干旱管理行动做最终决策。 （4）对重要的干旱管理行动进行直接指挥。 （5）根据各部门的干旱管理职责，协调各部门的干旱管理工作。协调上级、本级和下级政府防汛抗旱指挥部的干旱管理行动
副总指挥：常务副市长、负责抗旱的副市长、水务局局长	（1）协助总指挥进行全市（包括对所属各市、县、区防汛抗旱指挥部）干旱管理工作的行政领导和协调。 （2）提请召开指挥部干旱管理会议，协助总指挥进行会议决策。 （3）协助总指挥进行严重干旱和特大干旱的干旱管理决策。 （4）按照指挥部干旱管理会议的决定或总指挥的安排，组织、协调、指挥干旱管理行动和处理干旱管理日常工作。 （5）总指挥离岗期间经总指挥授权行使总指挥职责

挥部、朝阳县防汛抗旱指挥部、北票市防汛抗旱指挥部、双塔区防汛抗旱指挥部和龙城区防汛抗旱指挥部。

各成员单位的职责见表 8.2。

表 8.2 各成员单位的职责

成 员	作 用 和 职 责
朝阳市人民政府办公室	（1）负责指挥部干旱管理会议的具体安排、记录、存档（会议记录和文件）。 （2）负责指挥部干旱管理重要信息的社会发布
朝阳市发展和改革委员会	审核干旱管理规划，协调干旱管理规划与相关规划的衔接
朝阳市财政局	为干旱管理以及旱灾恢复、救助分配财政资金，并对资金使用情况进行监督

成　员	作　用　和　职　责
朝阳市水务局	（1）组织、协调、监督、指导全市干旱管理工作。 （2）与气象局、水文局、环境保护局合作，开展干旱监测、预测，干旱等级评估和社会经济缺水量计算。 （3）向指挥部和公众提供每月的干旱等级及干旱预测及预警信息。 （4）当干旱发生时，按照干旱管理规划，根据干旱缺水情况，协调相关部门制定应对干旱的干旱管理行动方案（包括水库调度方案），并向市防汛抗旱指挥部报告。 （5）负责指挥部或指挥部办公室干旱管理会议的记录，并在指挥部办公室存档（会议记录和文件）。 （6）干旱管理行动方案经市防汛抗旱指挥部或指挥部办公室批准后，协调市防汛抗旱指挥部成员机构共同执行。 （7）实施干旱期间的取水许可管理。当发生严重干旱和特大干旱时，用 Mike Basin 模型进行社会、经济缺水的情景分析，编制取水量紧急限制方案，经指挥部批准后实施。 （8）负责城市生活供水与污水处理厂的干旱管理工作。 （9）分析、汇总各部门、各行业的旱灾评估报告。 （10）负责编制和修订干旱管理规划，与相关部门合作进行干旱管理规划编制和修订
朝阳市环境保护局	（1）负责水污染监测。 （2）负责干旱情况下的紧急水污染应对。 （3）运用 QUAL2K 水质模型，对主要污染河流或河段的水质进行预测，并确定主要污染源。 （4）与水务局合作对污染严重的工业企业进行取水和排污的紧急限制
朝阳市气象局	（1）进行天气监测和预测。 （2）评估气候和天气变化，并连续提供实时天气预报和旬、月、季气象干旱预测。 （3）向指挥部、指挥部办公室和其他机构及时提供上述干旱信息，提出干旱管理建议。 （4）实施人工增雨

成　员	作 用 和 职 责
朝阳市水文局	（1）进行降水量、河道径流量和水质、地下水位、土壤含水量、蒸发量等方面水文监测和预测。 （2）与水务局合作，对水文干旱和社会、经济干旱进行评估和预测，协助水务局制定干旱管理行动方案。 （3）向指挥部、指挥部办公室和其他机构及时提供上述干旱监测和预测信息
朝阳市农村经济委员会	（1）根据抗旱指挥部的决策，与水务局、扶贫办合作，在偏远山区确保人、畜饮水安全。 （2）根据朝阳市的干旱情况和土地资源情况，引导农业产业结构的合理调整、农产品品质的改良，并进行技术指导。 （3）与民政局合作，通过农村基层组织，调查、收集、统计农业干旱灾害损失，并报市防汛抗旱指挥部、指挥部办公室。 （4）与水务局合作制定农业干旱管理行动方案，侧重雨养农业干旱管理行动方案的制定。经指挥部或指挥部办公室批准后，组织和指导方案实施。 （5）向农民发布耐旱农品及农业生产资料的供求状况和价格等方面经济信息和预测信息。 （6）根据所预测的干旱变化、严重程度和受影响的季节，向农民提供耐旱作物种植技术信息。 （7）负责旱灾后农村信贷、保险及农业财政补贴。 （8）负责灾后灾区农业生产所需种子等农业生产资料的调拨和供应
朝阳市民政局（包括扶贫办）	（1）负责旱灾的救灾工作。组织核查、上报灾情，申请和拨发救灾款物，组织、接收、分配救灾捐赠，检查监督救灾款物使用情况。 （2）指导灾区生产自救
朝阳市广播电视局	在抗旱过程中，与相关机构协调，向公众发布旱情、指挥部或指挥部办公室批准的干旱管理行动方案、行动方案实施和旱灾信息
朝阳市卫生局	（1）负责饮用水水质的检验工作，保证饮用水安全。 （2）负责组织灾区疾病预防控制和医疗救护队
朝阳市商业和粮食局	负责救灾的粮食供应

成　员	作　用　和　职　责
朝阳市公用事业局	(1) 负责实施城市绿化节水和城市排污管理。 (2) 与水务局合作，指导各县（市）城市供水工作。 (3) 与水务局合作，对城市限制用水进行监督
朝阳市林业局	(1) 指导耐旱林业品种的种植，减少耗水量大的林业品种的种植。 (2) 与水务局合作，对林业活动用水进行监督和管理。 (3) 调查和评估干旱对森林的影响，并报指挥部或指挥部办公室
朝阳市市供电公司	保证农村抗旱、救灾用电的优先供应
凌源市防汛抗旱指挥部	负责本行政区内的干旱管理
喀左县防汛抗旱指挥部	负责本行政区内的干旱管理
建平县防汛抗旱指挥部	负责本行政区内的干旱管理
朝阳县防汛抗旱指挥部	负责本行政区内的干旱管理
北票市防汛抗旱指挥部	负责本行政区内的干旱管理
双塔区防汛抗旱指挥部	负责本行政区内的干旱管理
龙城区防汛抗旱指挥部	负责本行政区内的干旱管理

2. 朝阳市防汛抗旱指挥部办公室

朝阳市防汛抗旱指挥部办公室是指挥部的办事机构，设在朝阳市水务局。指挥部办公室职责及分工见表 8.3。

表 8.3　　　　　　　　　　　指挥部办公室职责及分工表

机构／职位	作 用 和 职 责
防汛抗旱指挥部办公室	（1）根据指挥部的决定，组织、协调、指导、监督干旱管理行动方案的落实。 （2）负责干旱监测、预测，干旱等级评估，社会、经济缺水量计算。 （3）根据干旱等级和缺水状况制定干旱管理行动方案，报指挥部审查批准。 （4）实施指挥部批准后的干旱管理行动方案。 （5）分析、汇总、上报、发布干旱管理与旱灾评估救助组所提供的灾害评估信息。 （6）处理市防汛抗旱指挥部干旱管理的日常事务。 （7）组织干旱管理规划的编制和修订
主任：主管抗旱的副市长	领导、协调指挥部办公室全体成员和成员单位完成市防汛抗旱办公室各项职责和工作任务
常务副主任：水务局局长	协助主任负责全面工作
副主任：农村经济委员会主任	侧重负责职责（1）、（4）、（5）中的本部门职责（表8.3）
副主任：民政局局长	侧重负责职责（1）、（4）、（5）中的本部门职责（表8.3）
副主任：公用事业局局长	侧重负责职责（1）、（4）、（5）中的本部门职责（表8.3）
副主任：水务局主管水资源副局长	侧重负责职责（2）、（3）、（4）、（5）、（6）、（7）（表8.3）

3. 指挥部办公室下设的干旱管理组

指挥部办公室下设 4 个干旱管理组，其机构职责见表 8.4。

表 8.4 干旱管理组及职责

机构	人员组成	作用和职责
专家组	组长：高级水资源管理专家 成员：高级水文学家 高级城市供水专家 高级工业用水专家 高级农业用水专家 高级水污染防治专家 高级水环境专家	（1）检查、评估各机构提供的报告/信息。 （2）为抗旱指挥部提供抗旱决策方面的支持
干旱风险评估组	组长：水资源管理处处长 副组长：水文局局长 气象局局长 环保监测站站长 成员：高级气象预报专家、高级地表水专家、高级地下水专家、高级水环境专家	（1）开展对干旱风险的长期监测、评估、预警和预测。 （2）为抗旱指挥部和其他相关机构提供干旱风险信息。 （3）编制干旱管理实施方案，包括取水量紧急限制方案
干旱管理实施组	组长：负责抗旱的副市长 成员：市防汛抗旱指挥部成员单位负责人	（1）组织、协调、监督、实施抗旱决策。 （2）解决旱期用水冲突
信息发布组	组长：市广播电视局局长 成员：市其他媒体，各县（市、区）广播电视和其他媒体的负责人	宣传干旱风险、干旱管理、干旱灾害和减缓以及救灾方面的信息。每月通过电视、广播、报纸发布干旱等级信息

8.2 干旱管理行政管理程序设计

干旱管理行政程序的设定对于干旱管理策略和措施的真正落实十分重要，而且随着干旱管理的深入，工作的复杂性和协作性有着明显的增加，为保证各项干旱管理行动的落实和有序开展，案例研究中就干旱管理行政程序的设定和设定方法进行了认真的探讨。干旱管理行政程序的设定，其目的是强化责任的落实和部门协调，保证干旱管理对干旱发展情况的快速反应和工作有序、高效、公正地进行，避免滥用职权、不作为和责任的相互推诿，使干旱管理进入规范化的管理轨道。

案例研究中确定的干旱管理行政程序包括：干旱管理基本行政程序，干旱管理规划（通常称作预案）修订、审查与批准程序，干旱管理行动方案编制程序，干旱时期取水许可与排污管理程序。这些干旱管理行政程序是一个具体的案例，各地在实际干旱管理过程中，可根据本地干旱管理的实际情况和需要来具体制定本地的干旱管理行政程序。

8.2.1 干旱管理基本行政程序

朝阳市干旱管理基本行政程序框架见图8.2。干旱管理基本行政程序对发生不同等级干旱时应采取什么行政行动、由谁采取这些行动、如何采取这些行动及在什么时间内完成这些行动作了明确规定。

朝阳市干旱管理基本行政程序的目的是为及时、高效、有序地应对各种类型的干旱，从而减少干旱灾害损失，确定干旱管理的基本行政程序框架；程序适用于朝阳市整个干旱管理工作；具体职责见本章第1.2节。

朝阳市干旱管理基本行政程序的内容介绍如下。

1. 干旱的监测与预测

干旱监测要持续进行。干旱监测内容包括：降水量、蒸发量、河流水位和流量、河流水库水质、水库蓄水位和蓄水量、地下水位、土壤含水量。

干旱预测内容包括：（旬、月、汛期）降水量预测，汛期之后的径流量预测，河流水质预测。

干旱监测与预测的承担单位包括气象局、水文局、水务局、环境保护局。各监测部门除按原来的组织程序进行正常的信息上报、交流、社会发布外，每月要向水务局提交干旱监测数据。

2. 干旱评估

水务局在每月获得各部门监测信息后，根据干旱等级划分的

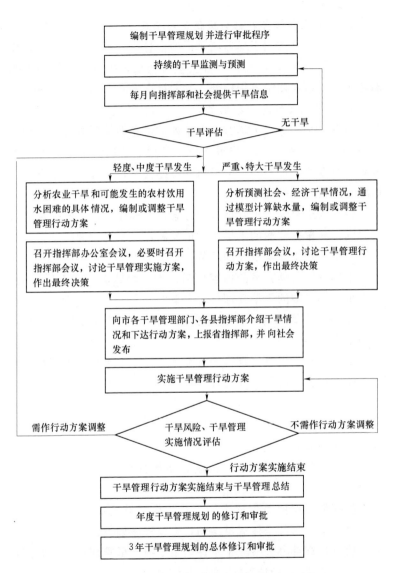

图 8.2　朝阳市干旱管理基本行政程序框架图

触发点确定是否发生了某一等级的干旱（无干旱、轻度干旱、中等干旱、严重干旱、特大干旱）。

3. 每月向指挥部和社会提供干旱信息

水务局每月接到干旱监测单位的信息后，进行分析综合，编写成《旱情月报》，经指挥部办公室审核后，报送指挥部和指挥部各成员，报送辽宁省指挥部，并向社会发布。

4. 干旱管理行动方案制定

当发生某一等级干旱时，干旱评估组立即编制对应干旱等级（一般干旱、中等干旱、严重干旱、特大干旱）的干旱管理行动方案，经专家组审查后，上报指挥部办公室，指挥部办公室主任核准后上报指挥部批准。

各等级干旱的干旱管理行动方案，要遵照本规划所确定的对应原则，并根据监测的干旱实际情况制定。干旱管理行动方案制定是干旱管理中非常重要的环节。

干旱管理行动方案的内容包括：①干旱状况；②干旱影响；③减少干旱影响的干旱管理行动方案。

5. 指挥部或指挥部办公室会议对干旱管理行动计划进行审查和批准

指挥部收到干旱管理行动方案后，根据干旱影响程度和采取行动的影响程度决定召开指挥部会议或指挥部办公室会议。

一般情况下，当发生严重干旱或特大干旱时，召开指挥部会议。当发生一般干旱或中等干旱时，可根据实际需要召开指挥部会议或指挥部办公室会议。

是否召开指挥部会议，由副总指挥提出建议，总指挥作出决定。

指挥部会议由总指挥主持，总指挥可委托副总指挥主持会议，会议由指挥部全体成员参加，会议程序如下：

（1）指挥部办公室或干旱评估组汇报干旱管理行动方案。

（2）会议人员对行动方案展开讨论。

（3）总指挥或会议主持人根据大家的讨论意见做出对干旱管理行动方案的最终决定。

（4）会议除由政府办公室进行记录并在指挥部存档。同时，指挥部办公室也需派专人进行记录，并在指挥部办公室存档，用于干旱管理。

（5）指挥部办公室根据指挥部会议的决定，修改干旱管理行动计划，由总指挥或总指挥委托的副总指挥批准后实施。并以指挥部的文件下达。

指挥部办公室会议，由指挥部办公室主任或主任委托常务副主任主持。会议由指挥部办公室全体人员和下设各组的正、副组长参加。同时，若会议的重要程度或解决的问题需指挥部其他成员参加，经指挥部总指挥同意，可要求指挥部相关成员参加会议。指挥部办公室会议程序如下：

（1）干旱评估组汇报干旱管理行动方案。

（2）会议人员对行动方案展开讨论。

（3）指挥部办公室主任或会议主持人根据大家的讨论意见做出对干旱管理行动方案的最终决定。

（4）会议指挥部办公室派专人进行记录，并在指挥部办公室存档。

（5）指挥部办公室根据指挥部办公室会议的决定，修改干旱管理行动计划。然后，由指挥部总指挥或总指挥委托的副总指挥批准后实施。

（6）经指挥部办公室会议讨论决定，并由指挥部总指挥或总指挥委托的副总指挥批准后的干旱管理行动方案也以指挥部的文件下达。

6. 向市指挥部各成员单位、县（市、区）指挥部下达干旱管理行动方案，向省指挥部上报并向社会公布干旱管理行动计划

（1）干旱管理行动方案经指挥部批准后，立刻下达到指挥部各部门和各县指挥部。

（2）批准后的干旱管理方案要同时上报省指挥部。

（3）信息发布组通过媒体向社会发布批准后的干旱管理方案。

7. 干旱管理行动方案的实施

指挥部各部门和各县（市、区）指挥部按照各自职责进行批准后干旱管理行动方案实施。

在干旱管理行动方案实施过程中，县（市、区）指挥部负责本行政区的干旱管理行动方案实施，市指挥部对县（市、区）指挥部的实施进行领导，市指挥部各部门按照各自职责指导、监督各县（市、区）对口单位进行干旱管理行动方案实施。

8. 干旱风险、干旱管理实施情况评估

在干旱管理行动方案的实施过程中，指挥部办公室干旱评估组要对干旱的变化情况持续地做出评估，当干旱情况发生较大变化时，应及时上报指挥部办公室。

指挥部各部门和各县（市、区）指挥部要对干旱管理行动方案实施情况及时地做出总结，并报指挥部办公室抗旱实施组。抗旱实施组要根据报来的实施情况信息，分析行动方案的实施情况和效果，做出评估。当发现行动方案需进行调整时，应及时上报指挥部办公室。

根据上述干旱情况变化评估和干旱管理行动方案实施情况效果的评估，指挥部办公室主任或主任委托的常务副主任经与其他人员（可召开会议或个别商议）商议，作出如下决定：

（1）当干旱情况发生比较大的变化（如干旱由某一级别上升或下降至另一级别，或虽然干旱级别没有发生变化，但影响范围或造成的影响发生了很大变化）需对干旱管理行动方案进行调整时，决定对干旱行动计划进行调整。

（2）当原干旱管理行动方案在实施过程中，根据执行的情况和效果需对原行动方案进行较大改变和调整时，决定对干旱行动计划进行调整。

（3）当干旱结束，干旱行动方案的实施已完成时，向指挥部提出干旱管理行动结束的建议。

（4）当决定对干旱管理行动进行调整时，指挥部办公室按干旱管理基本程序4对干旱管理行动方案修订或制定，整个干旱管

理工作按其后的各项程序进行。

（5）当指挥部办公室向指挥部提出干旱管理行动结束的建议时，指挥部总指挥可根据情况做出是否同意结束的决定。

9. 干旱管理行动方案实施结束与干旱管理经验和教训总结

当指挥部决定干旱管理行动方案实施结束时，要通知指挥部各成员，上报省指挥部，并向社会公布。

干旱管理行动方案实施结束后，指挥部办公室应对本次干旱管理行动的经验和教训做出总结，上报指挥部和省指挥部。

另外，在每年的 1 月，要对上一年的干旱管理工作做出年度经验、教训总结。

干旱管理记录是干旱管理经验、教训总结的基本信息。

对于重要的干旱管理过程和年份，指挥部或指挥部办公室要以会议的形式进行干旱管理总结。年度干旱管理总结会议可与年度干旱管理规划审查会议合并召开，在年初的 2～3 月。召开指挥部会议由总指挥决定，召开指挥部办公室会议由主任决定。

10. 干旱管理规划的修订与审批

为了使干旱管理规划能在实施过程中不断完善，并适应新情况的变化，每年要对规划进行一次修订，每 3 年要对规划进行一次全面、系统的修订。

干旱管理规划的修订程序见下节。

11. 干旱管理信息的记录与存档

指挥部或指挥部办公室会议的记录，干旱管理有关文件、电话、传真和邮件记录，对于干旱管理行动方案制定和实施中经验和教训的总结十分重要，是未来修订干旱管理规划和制定干旱管理行动计划的基本信息来源，要做好这些记录和存档。需记录和存档的信息主要包括以下内容：

（1）干旱状况记录。

（2）对干旱管理的关键决策和行动记录。

（3）干旱产生的灾害记录。

（4）干旱管理的经验教训记录。

指挥部办公室干旱评估组负责进行记录和存档。要保证这些记录和存档的完整。

8.2.2 干旱管理规划修订、审查与批准程序

干旱管理规划修订、审查与批准程序的目的是使《干旱管理规划》在使用中不断完善，并适应新的情况变化。

其适用范围为：①每年干旱管理规划的修订与审批；②每3年干旱管理规划的全面修订与审批。

干旱管理规划由指挥部办公室负责修订，由指挥部批准实施。

程序内容介绍如下。

当干旱管理规划编制完成并经批准实施后，每年要根据当年的实施情况进行一次修订，每3年应根据使用情况进行总体修订。

1. 对规划修订的要求

干旱管理规划的修订，要建立在对现有干旱管理规划实施过程中经验和教训总结的基础上。同时要使规划适应新的情况变化。

每年干旱管理规划的修订，要根据每次干旱管理行动实施过程的总结、全年干旱管理的总结和相关会议记录，确定原规划的不足之处，并加以修改。在每年干旱管理规划的修改过程中还要根据人员变动、供水工程变化、用水户和用水量变动等各方面的变化情况进行修改，以适应新的情况。

每3年的干旱管理规划全面、系统修订，要依据3年来干旱管理的所有总结报告和记录，分析、确定3年来干旱管理规划实施的经验和教训。根据这些经验和教训对原干旱管理规划不合理的内容进行修改。同时，要依据3年来水资源供需状况、行政管理机构、政策法规、管理手段、技术能力等各方面的变化情况，对规划进行全面、系统的审视和修改，以适应新的变化情况。

2. 规划修订的审查、批准程序

每年的干旱管理规划修订，按以下修订与批准程序进行：首先由干旱评估组按规划修订要求对规划进行修订，提出规划修订初稿。

由抗旱实施组、信息发布组对规划修订初稿提出补充修改意见，具体如下：

（1）由专家组对规划修订初稿进行审查，提出审查意见。

（2）干旱评估组根据上述补充修改意见和审查意见对规划修订初稿进行补充修改后，报指挥部办公室副主任、主任审定。如需要，指挥部办公室主任可通过指挥部办公室会议对规划的修订稿进行讨论和审定。

（3）规划修订稿经指挥部办公室主任审定后，报指挥部批准。如需要，指挥部总指挥可通过指挥部会议讨论后再对规划的修订稿做出批准。

（4）每3年的干旱管理规划总体修订，在履行上述每年规划修订程序的基础上，规划修订初稿需经指挥部办公室会议审查后确定，并报送指挥部各成员机构征求意见。根据各部门意见修改后，报指挥部批准。指挥部总指挥可根据情况决定，是否通过指挥部会议讨论后再对规划修订做出批准。

3. 规划修订的时间要求

每年的干旱管理规划修订应在2月完成。每3年的干旱管理规划修订应在3月完成。

8.2.3 干旱管理行动方案编制程序

干旱管理行动方案编制程序的目的是使编制的干旱管理行动方案可操作、及时、符合实际、高效。其中，高效是指在现状资源、管理、工程技术水平下，可能达到的最好减灾效果。其适用范围是朝阳市大凌河流域干旱管理行动方案的编制。干旱评估组负责编制。

干旱管理行动方案编制程序内容介绍如下。

干旱管理行动方案的编制内容包括：干旱状况，干旱影响，减少干旱影响的干旱管理行动方案。

1. 干旱状况评估

干旱状况是根据干旱监测数据，对干旱状况做出评估，并确定干旱等级。为满足制定各地区干旱管理行动方案的需要，干旱情况评估应明确反映每个规划单元的具体干旱情况。干旱等级按整个流域总体确定，不进行各单元的评定。

反映干旱情况的数据内容包括：降水、各水文站径流量和水质、地下水位、土壤含水量、水库蓄水量、水库水质、主要入河排污口排水量和水质。

2. 干旱影响分析确定

干旱影响分析确定是在干旱状况评估的基础上，分析和确定干旱对雨养农业、农村人畜饮水、灌溉农业、工业、城市生活等各方面用水产生的影响。其中：

干旱对雨养农业的影响要按每个规划单元，明确影响范围。

对农村人畜饮水的影响，要根据地下水位变化，确定影响的村屯。

对灌溉农业、工业、城市生活等各方面社会经济用水的影响分析可以用流域模型，对每个规划单元确定出单元缺水量。

3. 干旱管理行动方案设定

干旱管理行动方案的设定，按所发生的干旱等级和分析确定的干旱影响，进行分析设定。

当发生社会经济干旱时，要采取干旱时期取水许可管理程序，按用水的优先顺序，对部分取水单位和个人的取水进行紧急限制，以保证更高级别的用水。

采取干旱时期取水许可管理程序对部分取水单位和个人的取水进行紧急限制，按本章第2.4节部分所确定的程序进行。

4. 时间要求

当判断某一等级干旱发生后，干旱指挥部办公室干旱评估组要在3天内完成干旱管理行动方案的编制，专家组在1天内完成审查与修改，指挥部办公室在1周内（包括干旱管理行动方案编制和专家组审查时间）报送到指挥部。

8.2.4 干旱时期取水许可与排污管理程序

程序目的。在严重和特大干旱时期，为公平、有效实施对取水单位和个人的取水量紧急限制，按照取水许可管理的法律规定，制定规范的取水量紧急限制程序。

程序适用范围。严重和特大干旱时期，对取水单位和个人取水量进行紧急限制过程中的取水许可管理。

该程序由朝阳市水务局负责编制。

程序内容介绍如下：

1. 取水量紧急限制方案的确定

在严重或特大干旱时，因发生社会、经济用水的不足，要采取对部分取水单位和个人取水取水量的紧急限制。

此时，在干旱管理行动方案之中要确定取水量紧急限制的方案。方案要明确：

（1）被限制取水的取水单位或个人。

（2）被限制的取水量。

（3）限制取水量的起止时间。

（4）取水量紧急限制方案的制定原则和方法见本书第 7 章。

2. 实施取水量紧急限制的公告与通知

当发生严重或特大干旱，需进行取水量紧急限制时，在向社会发布的干旱管理行动方案中，要明确公布取水量紧急限制的方案。包括，取水量紧急限制方案需明确的全部内容。

同时，朝阳市水务局取水许可审批机关应在实施取水量紧急限制开始时间的 3 日之前以书面形式通知取水单位和个人。

通知的内容与格式由朝阳市水务局取水许可审批机关按取水许可管理的规定统一确定和制作。

3. 解除或延长取水量紧急限制的公告与通知

在取水量紧急限制的时期内，因干旱减轻或结束，经指挥部决定，部分或全部解除取水量紧急限制时，指挥部办公室应及时向社会发布解除取水量紧急限制的公告。同时，水务局取水许可审批机关要以书面形式及时通知取水量紧急限制被解除的取水单位或个人。

由于干旱的持续或加重，需延长取水量紧急限制时间时，指挥部和水务局取水许可审批机关应采取公告与通知的方式向社会发布和向取水单位或个人发出通知。

4. 取水量紧急限制的监督和管理

在取水量紧急限制时期，由于缺水，取水许可管理部门应该依法加强对取水单位或个人取水行为的监督管理。包括：

（1）加强取水计量和取水计量管理，保证计量设施的完好和正常运行，当发现人为干扰计量时要依法给予处罚。

（2）要不定期地对取水单位或个人的依法取水进行监督检查，发现问题要及时处理和处罚。

（3）争取上级政府建立干旱缺水时期水资源费向上浮动的机制，从而促进节水。

5. 对违背取水量紧急限制决定的取水单位或个人的处罚

在实施取水量紧急限制期间，对违规取水单位或个人，取水许可管理机构要严格依据国家相关法令进行处罚，避免执法的随意性。

6. 排污管理

在实施取水量紧急限制时，要对污染严重的企业进行取水量紧急控制，通过控制取水来减少排污。

环保部门要依法加强对排污企业的监督管理。并与水务部门合作，通过取水、排污信息的共享，对排污企业的排污状况进行监督。

8.3 交流计划

减少干旱所造成的损失，需要政府的推动和全社会的共同努力和协调的行动。这就需要有非常好的交流与沟通，包括政府干旱管理机构的内部沟通以及与社会各方面人员的外部沟通。做好交流与沟通对于干旱管理起着关键的作用，以下是在朝阳市大凌河流域案例研究中制定的具体交流计划实例。

8.3.1 外部交流

为了使干旱管理措施得到有效实施，需要与社会各界开展广泛的交流与沟通，制定交流目标、对象、信息、活动和方法，具体如下。

（1）交流目标。

1）提高全社会对干旱、干旱灾害和减少干旱灾害方法等方面的认识和知识普及。

2）使全社会认识到每个人都是减少干旱灾害的受益者，每个人也同时对减少干旱灾害负有责任。

3）使公众和其他相关组织机构了解干旱管理规划、干旱发生时的干旱管理行动方案以及其他干旱管理信息。

4）当干旱发生时，使公众及时了解干旱的程度、影响和要采取的措施，以及我做什么，怎么做。

5）为应对干旱缺水和长期缺水问题，使公众养成良好的节水习惯，使各用水行业不断提高节水水平。

（2）交流对象。

1）农民、村委会、乡镇组织、乡镇水利站、农业灌溉、农村养殖业、农村人畜饮水供水工程的管理单位和管理人员。

2）自来水公司、城市居民、社区组织、机关、企业、事业单位。

3）工业企业管理者及职工。

4）媒体。这包括省、市、县的广播、电视、报纸、计算机网络。

（3）主要交流信息。

1）干旱、干旱灾害方面信息。

2）干旱管理规划。

3）干旱发生时的干旱程度、干旱预测、干旱影响、干旱管理行动方案。

4）干旱期间减少旱灾损失的生计信息。

5）各行业节水先进方法、节水状况与差距、未来的节水计划信息。

（4）交流活动和方法。

1）在朝阳市政府和朝阳市水务局的网站上增加干旱管理网页。

2）每月编制的《旱情月报》通过广播、电视、报纸和网络的干旱管理专栏向社会发布。

3）逐级、分行业举办干旱管理方法的培训，通过各种媒体宣传干旱管理规划。

4）干旱发生时，通过广播、电视、报纸和网络的干旱管理专栏及时向社会发布干旱、干旱灾害和干旱管理行动方案的信息。

5）在干旱缺水时期（因为此时公众对缺水问题普遍关注），通过各种媒体向社会介绍节水理念、先进的节水方法以及应对干旱的先进方法。

6）编制干旱管理的宣传册、宣传画向社会宣传。

7）在世界水日、中国水周开展干旱管理和节水方面的宣传活动。

8.3.2 内部交流

为了使干旱管理组织内部机构在干旱管理中充分发挥作用，需要加强部门间合作与沟通，初步制定交流目标、对象、信息、活动和方法，具体如下。

（1）交流目标。

1）在干旱管理过程中，确保指挥部、指挥部办公室及其内部组织、指挥部各成员之间做到：①信息传递畅通、及时；②职责和任务明确，任务完成情况及时向相关部门反应；③工作有序衔接、协调、高效运转；④当发生涉及多部门的问题时，能及时沟通，迅速协商和解决。

2）使本市指挥部和上级指挥部保持良好的信息沟通和政令畅通。

（2）交流对象。各级指挥部、指挥部办公室、指挥部办公室各干旱管理组、指挥部各成员之间。确保水务局管理者意识到可用的抗旱资源和迅速发现任何出现的问题。

（3）主要交流信息。

1）各部门职责，各部门的部门合作职责，部门间工作衔接和程序。

2）干旱监测、预测信息。

3）干旱缺水信息。

4）干旱灾害及减灾信息。

5）干旱管理行动方案。

6）干旱管理行动的进展和效果。

7）干旱管理行动中出现的问题。

（4）交流活动和方法。

1）指挥部明确下达干旱管理各机构、成员的工作职责和部门间合作、协调职责。

2）及时召开指挥部、指挥部办公室的干旱管理会议，解决干旱管理、干旱管理行动中的问题。

3）指挥部会议、指挥部办公室会议在下达任务时，要工作任务明确，部门协调的要求明确。

4）干旱管理行动中，针对具体问题，实行部门之间的交流、沟通、协商。

5）指挥部办公室及时把干旱管理信息传达到指挥部和指挥部各部门。

8.4 干旱管理额外人力、财务资源需求与投入

实施干旱管理会增加各相关部门的额外人力、财力投入，在制定人力配备计划和财政计划时，要根据管理行动的具体内容做出安排和预算，并予以落实。

（1）指定咨询专家和配备骨干力量。要充分调动现有的人力资源，指定干旱管理的专家人选，这些人员可能来自原来从事干

旱管理的人员内部，也可能由从事其他工作的人员中抽调。

同时，要为指挥部办公室各干旱管理组配备骨干人员。

（2）额外资源需求。加强未来的干旱管理，会增加很多额外的工作内容和工作量。包括：

1）为干旱管理增加的实地监测所需的设备采购、维护及工作。

2）更多的干旱分析、预测，以及为准确分析、预测干旱而进行的研究和培训。

3）干旱管理行动方案的每年和每3年修订、审查与批准。

4）干旱管理行动方案的编制、审查、批准。

5）加强取水许可的监督管理，包括实施取水量紧急限制所采取的取水许可管理行动。

6）更多的内部和外部会议。

7）与用水单位或个人更多的联系和沟通。

8）与公众更多的联系（如：如应公众要求，解决公众的紧急缺水问题）。

9）编写并发布干旱和干旱管理信息。

10）增加媒体宣传。

11）可以通过以下方式支持额外工作：①现有机构工作和人员的调整和优化，并提高工作效率。②通过培训和引进人员提高干旱管理能力。

这将使每年的监测经费、工作经费（如：为干旱管理规划修订、审查，干旱管理行动方案制定）、会议经费、人员培训经费、宣传交流经费、差旅费、办公用品费增加，因此，在干旱管理预算中应增加合理的财政预算。

9

干旱管理规划（预案）的编制

干旱管理规划（预案）是干旱管理的基础性执行文件，是根据干旱管理的理念、策略、科学技术方法编制的，用以确定干旱管理的规则和具体行动方案。前已叙及，干旱管理可划分为长期水资源管理中的干旱管理和干旱时期的干旱管理。因此，干旱管理规划（预案），可以是针对整个干旱管理（包括长期和干旱时期的干旱管理）而编制，也可以是针对干旱时期的干旱管理而编制。由于长期水资源管理中的干旱管理，主要通过改变人们对水资源及相关资源的利用行为来减少社会对干旱的脆弱性，通常是在水资源管理的总体政策和框架下进行，因此更适合编制在水资源综合规划中。那么，干旱管理规划（预案）就可以是专门针对干旱时期各种干旱风险的减灾行动方案。两者是统一的，并有机结合。

针对干旱时期干旱管理的规划（预案），其主要内容可包括：

1）干旱管理的行政组织机构、职责和管理程序，信息交流和发布。

2）干旱的监测方案。

3）干旱风险评估和预测预警方案。

4）干旱等级划分的指标体系。

5）针对各等级干旱（各类型干旱）的干旱管理响应行动方

案，包括：①针对雨养农业干旱的管理行动方案。②针对灌溉农业干旱的管理行动方案。③针对由水文干旱引起的社会经济干旱的管理行动方案，包括：用水调度方案、取水水量紧急限制方案（包括用水优先级等基本规则的制定），环境用水及污染控制方案，水价及经济措施方案等。

6）干旱管理的额外投入预算。

7）干旱管理的经验、教训总结和规划的修订。

干旱管理规划（预案）的编制，以减少旱灾损失为目标，根据干旱管理规划所针对区域的实际情况来设计各方面的具体措施方案。规划的每一个规定都要是可操作的，而且要具体、明确。随着规划区域水资源利用系统的变化和用水量的变化，人们对本地区干旱规律认识的加深，新科学技术的应用，管理能力的提高，干旱管理规划也应随之而修订。在干旱管理规划制定并实施后，要对实施情况进行不断地总结，并把所总结的经验和教训不断的纳入规划中。一般情况下，每 3～5 年需要根据变化情况进行一次大的修订，每年应该根据年度变化情况进行小规模的局部修订。

由于干旱管理规划（预案）涉及干旱时期公平用水等社会、经济多方面的问题，是一个政策性很强的公共管理方案，因此，一定要以公开透明的方式制定，并广泛征求社会各方面的意见。

为了使每个地区、每个时期编制和修订的干旱管理规划（预案）在方法、结构、内容、形式、操作上相互统一协调，应该制定一套干旱管理规划（预案）编制过程中遵循的规则或步骤。美国学者 Wihite 先生对此作了深入研究，提出的编制干旱管理规划的十个步骤，在国际上，受到普遍关注。

Wihite 在美国很多州开展了调查研究，总结各州干旱管理工作经验，在此基础上于 1991 年提出了编制干旱管理规划的十个步骤。他于 2000 年发表文章指出"近些年来，对规划步骤进行了多次的修改，使之适用于各国应用"。在近十几年中，国际上许多区域性举办的干旱管理和干旱规划为主题的培训会议和研讨峰会都以"十个步骤"作为依据。本章对 Wihite 提出的干旱管理规划编制十个步骤进行分析和讨论。

9.1 制定干旱管理规划所面临的主要问题

干旱是所有自然灾害中最复杂的一种,比其他任何灾害都会影响到更多地区和人口。社会受干旱影响程度与许多因素有关,主要有人口增长和迁移、城市化进程速度、地貌特征、技术水平、用水趋势、政府政策、社会行为和环境意识。由于上述因素不断变化,社会受干旱影响程度可能随着这些因素的变化而变化。例如:人口增加或迁移会对水资源和其他自然资源用量产生影响,人口增加会加大对水资源需求。

尽管干旱是自然灾害,但人们通过努力可以减轻其影响程度,因此,可以减轻干旱风险。人们在应对干旱时,可以相应对其他自然灾害一样,通过做好前期准备工作(风险管理)减轻灾害影响程度。提前制定干旱管理规划可以使决策者有机会科学决策,以最小投入,使灾害损失降到最低程度。相反,以"危机管理模式"应对干旱灾害,主要依赖政府和捐赠机构力量,弱化了自助自救在减灾中作用。

除了制定国家级的干旱管理规划,也需要在省、市、县级相关部门推行制定干旱管理规划。利用技术人员提供的信息,结合本地知识和经验,制定符合相关部门需求的干旱管理规划。在干旱发生之前,做好准备工作,使人们在干旱真正发生时,有能力主动应对干旱灾害。

编制干旱规划是必要的,但编制中存在一定难度,会受多种因素限制,主要有:

1)高层领导、决策者、公众可能缺乏对干旱的了解。

2)在干旱多发地区,政府和公众可能忽略干旱管理规划制定或忽视其重要性。

3)干旱管理规划编制工作可能遇到资金不足困难。

4)对于干旱没有统一的、适合所有地区的定义。

5）干旱管理职责被分摊到多个政府部门。

6）许多国家缺乏自然资源（包括水）统一管理的理念。

7）有些政策（如，减灾政策）和落后水分配制度，实际上可能不利于对自然资源的可持续管理。

缺乏资金投入是影响干旱管理规划编制主要障碍之一。因为，领导层很难对干旱规划需要资金即时作出准确判断，也无法预估今后干旱救灾所需资金（干旱管理规划中无法预估费用不仅包括经济方面，还包括人类遭受干旱带来痛苦、生物资源损失、对自然环境破坏，这些东西本身价值就很难估计）。

但研究已经表明，以危机为主导的干旱管理模式效率低、协调性差、缺乏时效性，而且对资源分配利用效率低。与之相反，干旱管理规划工作可以在现行政策和组织机构基础上，综合所有自然灾害和水资源管理规划，以减少规划工作成本。

9.2 干旱管理规划定义和作用

干旱管理规划被定义为：每个公民、企业、各级政府和其他组织在干旱发生之前制定采取措施，以减轻由干旱引发的影响和冲突。

以往干旱管理采取危机管理方法，但效果不明显，协调性差，且不合时宜。一些发达国家和发展中国家都采用过危机管理方法，由于这种方法效率低，最近一些国家转换管理模式，采取了一种更为主动的风险管理方法。有些国家正努力制定国家级干旱行动计划，提前做好充分准备，这些行动计划是联合国防止沙漠化公约（UNCCD）的组成部分，是各国单独、自律行动。

这些行动是根据以往干旱发生程度大小、频率而制定的。由于全球变暖，干旱现象可能会时常发生，如果没有提前准备、制定应对干旱措施，不断频发的干旱带来威胁会在社会引发巨大恐慌。与过去干旱管理相比，今后干旱管理投入成本将不断增加。由于干旱影响日益扩大，干旱不仅对农业产生影响，还会对社会和环境影响日益加深、使用水户之间矛盾日益加剧，这些因素都促使人们不断改善干旱前期准备工作和制定相应政策。

一个地区编制干旱管理规划可能带来益处：

（1）起到预防作用，可以加强干旱应对措施减少干旱损失。

（2）改进各级政府间的协调关系，强化组织结构与干旱管理相应体系。

（3）通过对干旱综合监测，可以强化干旱预警预报系统。

（4）有利于利益相关者广泛参与。

（5）有助于划定受干旱威胁的地区、团体、部门。

（6）减少对经济、环境和社会影响（即：风险）。

（7）减少用水户之间的冲突。

（8）改进信息发布系统。

（9）提高公众对干旱管理意识。

9.3　编制干旱管理规划 10 个步骤与策略

随着干旱在全球造成的影响越来越大，人们对降低干旱风险越来越关注，通过采取各种减灾行动和改善运行能力降低干旱事件发生风险。由于过去干旱管理主要采取危机管理方式，结果使人们不得不面对"旱灾接踵而至"境遇，很少采取降低灾害风险措施。风险管理强调在灾害发生前提早准备，做好灾害预测、预警工作，其目的是减小可能发生灾害带来破坏。

编制干旱管理规划目标是形成一套各级政府部门可以操作的、适应动态变化的政策、技术手段、自然资源管理计划，规划还应包括风险评估、减少风险工具内容。

规划步骤可以概括为以下内容：

（1）第 1～4 步组织相关人员，了解和掌握制定干旱管理规划过程，认识干旱规划所必须要达到的目标和完成的任务，为干旱规划报告制定和编写收集充足数据，这些数据为公平、合理决策提供依据。

（2）第 5 步确定组织管理结构，负责干旱管理规划任务完成。编制完成的规划不是一成不变，在以后干旱管理过程中应该对规划内容不断修改，第 5 步应该结合风险分析，提供主要经济部门、人口结构、地区、社区对干旱的脆弱性基本状况。

（3）第 6 步和第 7 步提出了技术人员深入开展研究工作具体要求，也提出了政策决策者不断进行协调工作的需求。

（4）第 8 步和第 9 步强调干旱发生以前对规划进行宣传和检验的重要性。

（5）最后，第 10 步强调指出应不断修改规划以反映当前情况，并强调应在干旱后期对规划的有效性进行评估。

尽管每步是按照一定顺序进行，但许多工作是在负责干旱管理规划编制责任机构共同指导下开展。应该制定工作计划，包括具体步骤和相应工作，工作计划是规划工作组成部分，应按时完成。

干旱管理规划的具体步骤详述如下。

第 1 步，成立干旱特别工作组

干旱管理规划第一步是政府主管领导委派一个干旱规划特别工作组。根据制定规划的行政级别，主管领导可以来自中央、省级或市级政府机构。成立干旱特别工作组有两个目的：①监督和协调规划的制定。②规划编制完成以后，在规划实施阶段，工作组负责协调各项活动、组织执行减灾和干旱响应计划，并向政府主管领导人提出政策上的建议。

特别工作组应考虑干旱及干旱影响涉及多学科的特性，成员应包含来自政府机构（中央、省级或市级）以及大学的专家。根据情况，还可以吸收环境和公众利益群体以及其他来自私人机构的成员（参见第三步）。这些群体应在一定程度上参与第五步中提到风险评估委员会负责工作。由于各地区受干旱影响的主要经济部门不同、政治基础不同以及其他一些不同特点，因此各地区工作组的构成也不相同。为更好地发挥工作组的作用，工作组需要吸收善于与公众进行双向沟通的人员和熟悉地方媒体宣传报导要求的公共信息官员。

第2步，目的与目标

干旱特别工作组正式开展工作时，首先应当确定干旱计划的总目的。政府领导在制定规划的目的时，应当考虑诸如下列问题：

（1）政府抗旱减灾要达到的目的和发挥的作用。

（2）规划的范围。

（3）容易发生干旱的地区。

（4）历史发生干旱产生的影响。

（5）过去采取的干旱管理行动。

（6）经济和社会的最薄弱环节。

（7）规划在解决水资源短缺时期用水户之间矛盾方面应发挥的作用。

（8）目前土地和水资源利用、人口增长的发展趋势可能加剧或减缓未来社会对干旱的脆弱性和干旱引发的冲突。

（9）政府现有人力和财力能否承担规划工作。

（10）规划对法律和社会的意义。

（11）干旱引发的主要环境问题。

总的说来，干旱规划的目的一般是通过明确主要工作内容、组建工作组和划定风险最大地区，确定减灾行动和计划，从而减小干旱影响。规划在为政府提供有效而系统地评估干旱状况的手段、干旱发生前就制定减灾行动和计划、减小旱灾中社会、经济、环境损失提供指导。

其次是确定为实现规划目的提供支持的具体目标，由于各地区具有不相同的自然、环境、社会经济和政治特点，因此，干旱计划的目标也各不相同。各地区应当考虑的目标包括：

（1）及时和系统的收集、分析干旱信息。

（2）确定宣布紧急干旱状态并启动各种减灾行动的指标。

（3）提供组织结构和保证各级政府之间和政府内部信息通畅的信息传递系统。

（4）确定所有与干旱有关的机构职责。

（5）当前采用的评价和应对紧急干旱事件的政府方案清单。

（6）识别区域内易发生干旱的地区和易受干旱影响的经济部门、个体或环境。

（7）识别降低干旱影响可采用的减灾措施。

（8）建立能够保证及时、准确评价干旱对农业、工业、市政、野生动植物、旅游业和娱乐、健康等影响的机制。

（9）通过向媒体提供及时和准确的印刷或电子信息使公众了解当前的干旱状况和采取的抗旱措施。

（10）为缺水期间实现水公平分配而扫清障碍，确定和寻求相应策略；明确节水要求或提出鼓励节水的优惠措施。

（11）制定一套可持续用于评估和落实干旱规划规程和定期修订规划的准则。

第3步，利益相关者的参与

随着对稀缺水资源争夺的加剧，社会价值、经济价值及环境价值间常常会产生冲突。因此，干旱特别工作组的首要任务是确定所有同干旱规划有关的公民团体（利益相关者），并了解他们的利益所在。这些利益团体应尽早地、长期地参与干旱管理事务，使干旱管理规划更加公平、有效。应提前组织安排讨论利益相关者关注问题，使利益相关者代表有机会了解其他人的想法，从而制定出采取合作方式解决问题的办法。

虽然每个地区公共团体参与干旱管理程度不同，但是需要考虑公众利益团体在政策制定上的权力。事实上，如果没有利益相关者的参与，他们可能在规划制定过程中起到消极作用。有些利益相关者由于资金短缺无法维护自身利益，干旱特别工作组应保护他们的权益。

成立公民咨询委员会是帮助公众参与干旱管理一种办法，这也是干旱管理规划始终保持的特点之一，这有助于工作组保持信息畅通以及解决利益相关者之间的冲突。国家或省级政府需要考虑是否有必要建立地区的咨询委员会。这些委员会可以将邻近的机构召集在一起，来讨论他们用水中的问题并寻求合作提出解决方案。在省级层面上，省级公民咨询委员会成员中应有来自各地方咨询委员会的一名代表，以反映其他区的利益和价值观。该省级公民咨询委员会可以向工作组提交建议并提出关心的问题，并对情况报告和更新要求做出回应。

第4步，列出资源清单并确定面临风险的群体

特别工作组首先需要列出一个自然资源、生物及人力资源现状清单，其中要明确规划编制过程的限制因素。一般情况下，省级和国家级的各种机构已经发布了有关自然资源和生物资源的大量信息。一项重要工作是确定这些资源在干旱缺水期间脆弱程度。很明显，自然资源当中最重要的就是水资源：需要探明水源位置、获取程度、水质状况。

生物资源是指草场或牧场、森林、野生动植物等的数量和质量。人力资源包括开发水资源、铺设管线、输水和饲养家畜、处理公民投诉的人员和提供技术支持的人员以及指导公民获得服务的人员。还有一项必不可少的工作是明确规划过程制约因素和干旱状况不断恶化条件下启动规划中各项措施的限制因素。这些限制因素可能与自然条件、财务状况、法律条款、政治方面有关。制定规划投入费用应该与不制定规划可能造成损失进行权衡。

干旱规划的目的是减小风险，从而降低对经济、社会及环境的影响。法律上制约因素包括水权、现行公共信托法、公共供水要求、责任问题等。由于历史原因，人们对风险与干旱之间关系了解很少、强调不够，所以在干旱规划中，从危机管理模式过渡到风险管理模式还有一定难度。为了解决这个问题，应确定干旱高风险易发区域，在干旱发生前，采取措施减少风险。

干旱风险大小是由发生干旱地点和该地点在干旱缺水状况下的脆弱性决定的。干旱是一种自然现象，了解和掌握每个地区的干旱状况至关重要，需要了解干旱强度、历时和相应频率。

一些地区可能比其他地区面临更大风险，另外，干旱脆弱性受到社会因素的影响，如：人口增长和迁移趋势、城市化、土地利用改变、政府政策、用水趋势、经济基础多样性、文化构成等。干旱工作组应当在规划过程初期就强调这些问题，这样能够为委员会和工作小组（将在规划过程的第五步中建立）提供更多指导。

第 5 步，逐步建立完善组织框架

此步骤介绍了相关委员会的成立过程，委员会负责干旱规划编制。干旱规划编制包括三项工作：①监测、预警和预测；②风险和影响评估；③减灾和抗旱。建议成立一个委员会，侧重前两项工作；干旱特别工作组通常负责减灾和抗旱工作。

1. 干旱监测、预警和预测委员会

准确的水资源可利用评价量、短期和长期水资源可利用预测量为丰、枯水期提供有价值信息，尤其干旱时期，这些信息尤为重要。监测委员会成员应有来自各机构负责监测气候和供水的代表。在委员会对水资源状况进行评估和预测时，应当考虑降水、温度、蒸散量、季节性气候预测、土壤墒情、河流径流、地下水位、水库和湖泊水位、积雪等监测指标。

由于每个省、市、县的数据各不相同，负责数据采集、分析和发布机构应该考虑数据区域性变化。监测委员会应当定期召开会议进行商定，尤其是在用水需求高峰季节来临之前更需要召开讨论会议，每次会议后要编写报告，并发给干旱特别工作组、相关政府机构和媒体。监测委员会主席应当由抗旱特别工作组固定人员担任。适当情况下，特别工作组应当向管理者或有关政府领导简要汇报报告内容，包括采取具体行动的建议。

当情况发生变化时，必须对公众作出合理解释。监测委员会应当与公众信息专家密切合作，使公众及时了解情况。监测委员会的主要工作目标如下：

（1）确定一种可操作的可用于分阶段启动各级政府抗旱行动的干旱定义。因为单一干旱定义不可能适合所有情况，需要综合两个以上干旱定义，确定干旱对经济、社会、环境影响。

（2）确定干旱管理区，即根据行政分界、相同水文特征、相同气候特征和其他与干旱有关因素或风险等划分管理区。这些干旱管理区的划分将有利于对干旱期每个阶段减灾和抗旱措施实行区域化管理。

（3）建立干旱监测系统。全国范围内，各地区的气候和水文监测网监测能力各不相同。数据收集、分析和发布工作归属不同政府部门管理。监测委员在信息管理中遇到挑战时，应对来自各部门资料进行统一协调和管理，为决策者和公众提供科学的干旱信息。

（4）掌握现有监测站网数据的数量和质量。许多站网对重要水文要素进行监测。多数水文站网由国家、省政府部门管理。其他站网仍旧保留，为省内部分地区提供重要信息。虽然气象数据对干旱管理非常重要，但是它只是整个监测系统组成部分。还需要对土含、河流流量、水库水位、地下水水位进行监测，综合反映干旱对农业、住户、工业、能源生产、运输、娱乐和旅游以及其他用水户的影响。

（5）确定主要用户的数据需求。在新建或改建数据采集系统时，应事先征求数据使用人员的意见，并使征求意见工作常态化，这样才能使采集系统得到有效发挥。征求主要客户对新型采集系统或在线产品的意见非常重要，可以使系统设计和生产满足客户需要，因此，在进行决策时应事先征求客户意见，举办数据采集设备使用培训是也日常进行决策必要过程。

（6）信息系统的建设和完善。监测到干旱后，应立即向公众发生警告，公众要求及时获取信息，作出决策。监测委员会需要考虑公众对信息需求，建立信息沟通渠道，并判断提供的信息是否被广泛使用。

2. 风险评估委员会

风险是干旱灾害和社会对干旱脆弱性的产物，通过社会、经济、环境方面表现出来。因此，为了减少对干旱的脆弱性，必须明确干旱产生主要影响，并评估其潜在原因。干旱影响是跨行业、跨政府部门的。

风险评估委员会成员应当代表面临最严重干旱风险的经济部门、社会团体和生态系统的利益。委员会主任应当由干旱特别工作组中的成员担任。经验表明确定干旱脆弱性和干旱影响的最有效方法是在风险评估委员会的支持下建立若干工作小组。委员会和工作小组的职责是对面临最大风险的行业、人口、社区和生态系统进行评估，并确定适当合理的救灾措施来减小风险。

工作小组由技术专家构成，他们来自上述提到的行业。每个工作小组的组长，应是风险评估委员会成员，将直接向委员会进行汇报。按照这种工作方式，风险评估委员会的职责是指导每个工作小组开展工作，为干旱特别工作组提出减灾行动方面的建议。

工作小组的数量各不相同，取决于受影响的主要行业。经济和社会越复杂，所需代表这些行业的工作组数量越多。工作组可能侧重于以下行业：农业、娱乐和旅游、工业、商业、饮用水供应、能源、环境、天然火灾防护和卫生。

在干旱管理中，从危机管理模式过渡到风险管理模式存在一定困难，因为在理解和强调与干旱有关的风险方面所做的工作很少。NDMC已开发了一种方法通过风险管理协助指导干旱规划者。此方法侧重于确定相关的干旱影响并进行优先排序；检查这些影响的潜在环境、经济和社会原因；针对这些原因选择具体行动。这些方面更加注重影响干旱的深层原因，因此有别于以往方法，并且更有帮助。

以前，对干旱的响应是对干旱影响的响应。了解产生具体影响原因，就可以通过制定和采用具体的减灾措施解决这些脆弱性，为今后减轻影响创造机会。这种方法的描述见下文，分为六项具体任务。一旦风险评估委员会确定了工作组，每个工作组将遵循这种方法执行。

任务 1：组成团队。将合格人选集中在一起，利用所提供的充足数据，在制定干旱风险决策时，使干旱风险决策公平、有效和合理。团队成员应当接受与工作小组相关的特定领域技术方面的培训。在干旱风险分析中遇到适宜性、紧急性、公平性和文化意识问题处理时，提出包括公众参与在内的想法。

每一步都应当保证公众参与，但由于时间和资金限制会影响公众参与风险分析主要阶段和规划过程。公众参与的程度由干旱特别工作组和规划团队的其他成员判断决定。公开讨论问题和方案的好处是有利于理解制定决策的程序，而且也体现了参与管理模式。至少，作出的决定及缘由应公开行文给出说明，以建立公众信任和理解。

选择具体行动解决造成干旱影响主要原因时，取决于可用的经济资源和相关的社会价值。主要考虑内容包括成本、技术可行性、效用、公平性及文化视角。这一过程势必有助于确定有效的、合理的减少干旱风险活动，这些活动将在减轻长期干旱影响中发挥作用，这些活动并不是随机响应或未经验证无法有效减轻未来干旱影响所采取行动。

任务 2：干旱影响评估。影响评估是审查某一事件或变化造成后果。例如：干旱一般与许多结果有关。干旱影响评估应该从确定干旱的直接影响入手，如作物减产、牲畜损失和水库枯竭。从直接影响可以追踪到间接影响（通常是社会影响），例如：被迫出售家产和土地、身心压力。初步评估可以确定干旱影响，但没有给出造成这些影响深层原因。

干旱影响可以分为经济、环境或社会影响，尽管许多影响可能是跨行业。表 9.1 给出了某一个地区干旱影响评估表实例。表中 H：历史发生干旱；C：当前发生干旱；P：可能发生干旱。近期干旱影响，尤其是重旱和特旱影响，在大多数情况下，影响程度超过历史干旱。近期发生的干旱事件更准确反映出当前对干旱的脆弱性，应该对未来发生干旱可能造成影响给予高度重视。

表 9.1 **干旱影响评估实例**

H	C	P	经 济 影 响
			作物产量损失
			年度和多年作物损失
			对作物质量的损害
			减少耕作面积的产量（风力侵蚀等）
			遭受虫害
			植物病害
			野生生物对作物的损害
			乳品和牲畜产量的损失
			耕地产量的减少
			基本畜群被迫减少
			用于放养的公共用地关闭，或限制放牧用地
			牲畜用水成本高或难以获得
			牲畜饲料成本高或难以获得
			牲畜死亡率高
			生殖周期受到破坏（生育延迟）
			牲畜体重减轻
			捕食增加
			草场火灾
			木材产量损失
			荒地火灾
			树木病害
			林地产量受损
			渔业产量损失
			渔业产量损失
			鱼类生存地受到破坏
			水体流量减少引起的鱼苗损失

H	C	P	经 济 影 响
			农民收入和其他直接影响
			农民因破产而受的损失
			与干旱有关的生产衰退引发的失业
			娱乐和旅游业的损失
			娱乐设施制造商和销售商的损失
			其他次级损失
			由于与干旱有关的能源缩减引起的能源需求增加和供应减少
			替代水力发电的能源,使用更昂贵燃料(油)和由此给用户造成成本增加
			直接依靠农业生产的工业损失(例如:机械和肥料制造商、食品加工商等)
			食品生产减少、食品供应中断
			食物价格增长
			增加食品进口(较高成本)
			供水中断
			供水公司收入
			收入渠道减少
			缺少饮用水
			疾病
			迁移和聚集(一些地区野生生物减少,却大量出现在其他地区)
			濒危物种危机加剧
H	C	P	环 境 影 响
			植物物种破坏
			火灾的数量和严重程度增加
			湿地损失

H	C	P	环　境　影　响
			河口影响（如：盐碱度的变化）
			地下水枯竭、地面下陷加剧
			生物多样性损失
			土壤风蚀和水蚀
			水库和湖泊水位
			泉水流量减少
			水质影响（如：盐浓度、水温增加、pH值、溶解氧、浊度）
			空气质量影响（如：灰尘、污染物）
H	**C**	**P**	社　会　影　响
			身心压力（如：焦虑、抑郁、缺乏安全感、家庭暴力）
			由于河流流量减少，引发与健康有关问题
			营养物减少（如：高成本食物限制、饮食缺乏）
			人的生命损失（如：自杀）
			发生森林和草场火灾时的公众安全
			呼吸疾病增加
			由野生生物聚集引起的疾病增加
		冲突增加	
			用水者冲突
			政治冲突
			管理冲突
			其他社会冲突（如：技术、媒体）
			对文化信仰的干扰（如：宗教与科学对自然灾害不同诠释）
	重新评估社会价值（如：优先权、需求、权力）		
			减少或改变娱乐活动
			公众对政府的干旱应对不满
			抗旱配置中的不公平

H	C	P	环 境 影 响
			基于以下方面的干旱影响不公平性
			社会经济团体
			种族
			年龄
			性别
			资历
			文化遗产损失
			审美价值损失
			对用水制度限制的认识
			生活质量降低，生活方式改变
			农村地区
			特定城市地区
			总体贫困加剧
			数据、信息需求增加、宣传推广活动的协调
			人口迁移（如：从农村转向城市地区）

　　为了使用干旱影响评估表，对所研究的区域内每种干旱类型影响程度进行核实并填在前面空白栏内。所作出选择可基于一般干旱或严重干旱，也可以两种兼顾。例如，如果干旱规划编制是以"干旱记录"为基础，需要对发生过的干旱进行回顾，以确定研究地域发生过的历史干旱，并评估干旱影响。

　　表9.1中"历史发生干旱"栏中，填入干旱影响状况。然后根据对研究区域的了解，如果有记录的干旱近期还会发生，考虑会对当地造成什么影响，将其添在列表中的"当前发生干旱"栏中。最后，考虑同样等级的干旱5年或10年后发生情况，会对该地区可能产生的影响，并将其记录在"可能发生干旱"栏中。

　　如果时间、人力、财力充足，最好研究发生一般干旱、严重干旱和过去发生过的干旱对研究区域的影响。通过分析将得出一系列影响评估结果，与干旱严重程度有关，对指导第三步工作开展意义重大，有助于实现规划目标。

利用评估表进行干旱影响评估时，应该审核对照表中干旱类型前面填写的研究区域受干旱影响一栏，根据干旱严重程度，将干旱影响划分归类，可以观察到今后如果干旱脆弱性提高，那么轻度干旱也可能造成严重影响。希望目前采取措施可以降低干旱脆弱性。应该为每个地区编制这种"干旱记录表"。

每次干旱的强度、持续时间和空间范围各不相同。因此，可能有几个干旱记录，取决于所规定的标准（如：一季或一年最严重的干旱，或最严重的多年干旱）。根据分析成果，判断干旱严重程度与产生系列影响。另外，对过去、现在和可能产生干旱影响深入分析会发现影响变化趋势，用于满足规划目的。这些影响主要作用于面对干旱表现脆弱的行业、人口或活动，在进行干旱发生频率分析时，确定干旱风险级别。

任务 3：影响排序。每个工作小组填完干旱影响评估表之后，将干旱影响未核查部分删掉。重新调整后的表应包括研究区域从事活动受干旱影响内容。按照这张表，根据工作小组成员考虑的重要内容对影响进行优先排序。为了公平有效，排序应当考虑如成本、地区范围、随时间变化的趋势、公众观点、公平性和受影响地区恢复的能力因素。掌握社会和环境影响通常有一定难度，如果可能，进行量化。每个工作组都应当完成影响的初步排序。

在初步排序完成之后，抗旱特别工作组和其他工作小组一起，集体对排序结果讨论。建议编制一个矩阵表可以帮助对干旱影响进行优先排序。根据干旱影响顺序表，每个工作小组再明确哪些影响需要优先考虑，哪些可以暂缓。

任务 4：干旱脆弱性评估。脆弱性评估为分析干旱对社会、经济和环境影响原因提供了框架，在干旱影响评估和政策制定之间起到桥梁纽带作用。脆弱性评估可以将政策制定引向关注产生干旱脆弱的原因方面，而不仅仅是关注干旱结果、造成负面影响上。正是由于存在干旱脆弱性因素，才引发诸如干旱等一系列事件。

例如：缺乏降水的直接影响是可能减少作物产量。但造成影响的潜在脆弱性原因可能是农民拒绝使用抗旱种子，因为他们不相信其用途，认为成本太高，或文化信仰方面的原因。另外，可能是丧失对农场抵押赎回权。干旱脆弱性潜在原因可能还包括由于过去土地征用政策引起农场规模变小、缺乏多样化选择的信贷、耕作的土地贫瘠、对可能耕种方案的有限了解、当地产业中缺乏非农辅助收入渠道、政府政策等。

因此，列表中确定的每个影响，应该寻找这些影响已经发生或可能发生的原因。应该认识到综合因素是导致影响原因。树状图可以帮助说明产生影响因素之间关系。依据分析水平，分析过程可能变得越来越复杂，这也是工作组为什么由相关的不同领域人员构成原因。

树状图帮助理解干旱影响的复杂性。原则上讲，其主要目的是从不同角度分析干旱影响，揭示产生干旱影响的真正原因。在评估中，树状图最底下用黑体字标注，因为他们是根本原因。可以针对这些根本原因采取行动，以减少相关影响。当然，其中的一些影响由于各种原因不可能采取针对行动（在第五步中讨论）。

任务 5：制定行动。减灾措施被定义为干旱发生之前或干旱初期采取行动减小干旱影响。如果工作组确定了干旱影响优先顺序并给出干旱脆弱性潜在原因，就可以制定减少干旱风险行动。从这一点出发，工作组应当开展调查，了解采取什么行动可以解决这些根本问题。以下系列问题有助于行动制定：

（1）能否减轻根本原因？如果是，之后如何进行？

（2）能否应对根本原因？如果是，之后如何进行？

（3）是否有一些不可以解决？需说明必须接受的根本原因。

紧急抗旱行动是干旱规划的重要内容，但它只是整个减灾策略之一。

任务 6：制定"行动计划表"。弄清干旱影响、产生影响的原因、制定行动后，工作小组下一步任务是确定所采取行动顺序，作为减小干旱风险规划措施组成部分。作选择时应当考虑行动的可行性、有效性、成本和公平性。另外，在考虑哪些行动需要共同执行时，应该认真研究干旱影响树状图。

例如：如果推广使用不同类型的种子减少作物损失，在成本太高或政府鼓励种植其他作物的情况下，对农民宣传新品种的益处可能不会有效。在选择适当行动方面，可能会提出以下问题：

（1）所确定行动的成本、收益比率如何？

（2）公众认为哪种行动可行或合适？

（3）当地环境对哪些行动敏感（即：可持续的活动)?

（4）采取行动是否强调造成干旱影响综合原因，以减小相关影响？

（5）行动是否强调了短期和长期解决办法？

（6）哪种行动会很好的代表受影响个人或团体的需求？

此过程可能会制定有效的、合理的减小干旱风险活动，有利于减少以后干旱影响。

任务 7：完成风险分析。继任务 6 之后，风险分析结束。请记住，这是个规划过程，因此有必要定期重新评估干旱风险和所确定的各种减灾行动。规划过程的第 10 步与评估、检验和修改干旱规划有关。在严重干旱发生之后，选择适当时间根据汲取的经验对减灾行动进行修改。

3. 减灾与抗旱委员会

减灾和抗旱行动可以是干旱特别工作组的职责，或交给独立委员会执行。建议特别工作组与监测和风险评估委员会合作，掌握相关知识和经验，了解干旱减灾技术、风险分析（经济、环境和社会方面）和各级政府与干旱有关决策制定过程。特别工作组成立之初应该由来自各政府机构的主要领导组成，并且尽可能包括主要利益相关者群体。因此，特别工作组可以处在组织协调位置，借助政府各种项目和计划，提出减灾行动建议并负责落实，通过各地区计划要求协助，他们还可以向法律机构或高层领导提出政策建议。

风险评估委员会应该为每个受干旱影响主要部门制定减灾和抗旱行动计划。Wilhite 于 1997 年对美国 20 世纪 80 年代末至 90 年代初期采用的干旱减灾方法进行评估。对这些方法在其他特定地区借用效果进行评价。

4. 编写规划

干旱特别工作组应该总结每个委员会和工作组的工作成果，在专业人士的协助下，起草干旱规划。工作草案编写完成之后，建议在不同地点举行公众讨论会或听证会，介绍说明规划的目标、范围和落实要求，还需要讨论计划中具体减灾行动和应对措施。抗旱特别工作组的公众信息专家可以帮助召开听证会，负责撰写新闻介绍规划概况。

如上所述，干旱规划编写完之后不是一成不变，需要不断修改完善。抗旱特别工作组在网站发布规划内容，并印刷成册发给相关人员和机构。

第 6 步，明确研究需要及弥补制度上差距

干旱特别工作组应当根据干旱规划过程中显现出的研究需要和公共机构责任方面的差距，编制缺陷清单并就如何弥补差距向有关领导和机构及立法机关提出建议。步骤六应当与步骤四和步骤五同时进行。随着研究需求和机构职责上的空白在干旱规划期变得明显，抗旱特别工作组应当列出需改进的问题列表，向适当的人或政府机构提出弥补建议。

第 7 步，科学与政策结合

干旱规划过程的一个最基本的方面就是将科学与干旱管理政策相结合。政策制定者对于解决干旱问题的科学课题和技术领域往往所知有限。与此类似，科技人员对干旱影响方面的政策规定也知之不多。为了合理制定规划，在很多情况下，必须加强科技人员与政策制定者的沟通与交流。干旱特别工作组应当考虑各种方案，使双方人员密切配合，保持良好合作关系。

政策制定者与科技人员需要保持良好的沟通关系，针对各种各样科学和政策问题弄清哪些是可以解决，哪些还无法解决。干旱规划过程中科学与政策的结合也有助于优先考虑研究重点，帮助对知识的综合理解。干旱特别工作组应当考虑各种可选方案，将这些团队召集在一起并保持稳定的工作关系。

第 8 步，宣传干旱规划，提高公众意识

如果在制定干旱计划的整个过程中与公众有良好的沟通，那么在实际编制出干旱规划时，公众对干旱及干旱规划就有了很好的了解。干旱规划编制期间和之后发布新闻需要强调以下主题：

（1）干旱规划如何减轻干旱的短期和长期影响。内容可以侧重于干旱对人的影响，例如：干旱如何影响农民家庭；在其环境影响方面，如：野生生物生存环境的减少；在其经济影响方面，如：特定工业、国家或地区整体经济的成本增加。

（2）可能需要人们进行哪些转变，以应对不同程度的干旱，例如：草坪浇灌限制和洗车，或在特定时间禁止灌溉某些作物。

第二年，可能需要在干旱多发季节发布"修改干旱规划"新闻，让人们了解是否面临供水压力问题及原因，使他们相信在干旱多发季节少雨现象会随时出现，并提醒他们干旱规划在当前、过去发挥作用，让人们不断牢记水资源短缺会导致用水限制状况发生。

在旱期，特别工作组与公众信息专家共同工作以使公众及时了解供水状况，是否到了启动用水限制要求的"触发点"，帮助受干旱影响人们了解如何能够获得救助。在干旱特别工作组网站上发布相关信息，以便公众可以直接从特别工作组获得信息，而不需要过多依靠大众媒体。

第 9 步，制定教育计划

增强对短期和长期供水问题认识的教育计划将有助于确保人们了解在干旱发生时如何应对干旱，并同时让人们了解干旱规划所制定的在非干旱年份采取的行动。针对特定团体（例如：初级和中等教育、小商业、工业、房主、事业单位）的需求对教育计划进行调整。干旱特别工作组或参与机构应当考虑利用一些活动，如：水周、地球日社区观察、与干旱有关贸易展览会、专场研讨会和其他集会，针对自然资源管理编写介绍教育宣传资料。

第 10 步，干旱计划的评价和修订

规划过程的最后一步是制定具体程序，保证规划得到全面评估。对规划进行定期审查、评估、修改，符合中央、省、市、县要求。为了使系统发挥最佳效率，应该包括两种评估形式：持续评估和干旱后评估。

（1）持续评估。持续评估或正在开展的评估须反映出新技术、新研究、新法规等社会变化和政治变化可对干旱风险以及干旱规划实施方面的影响。

可以对干旱风险进行多次评价，但对整个干旱规划的评价不必那么频繁。建议在干旱规划实施前，在模拟干旱条件下进行评价，之后进行定期评价。

（2）干旱后评估。为了使针对改善干旱管理系统的建设被采纳，应建立相应机制，可以通过干旱后评估、审计报告、分析政府和非政府组织对于干旱评估和采取行动等方式实现。如果不进行干旱后的评价就很难从过去的工作中总结经验、教训。

干旱后评估应当包括的分析有：干旱的气候和环境条件；经济和社会影响；干旱规划在减轻干旱影响、救济和援助以及干旱恢复方面发挥的作用。

评估严重干旱曾采取的措施有助于规划的制定。为保证评估的公正性，政府可以委托大学或独立的研究机构等非政府组织进行评价。

10

长期水资源管理中的干旱管理

减少旱灾损失，不仅是在干旱可能发生时采取更合理的减灾措施，化解（吸收）旱灾影响，而更多的是在长期的水资源管理中，通过水资源及相关资源的协调利用，提高水资源的利用效益和效率，来减少整个社会、经济和环境对干旱的脆弱性。这是长期和总体水资源管理中应认真面对的水资源可持续利用问题。本章主要就长期和总体水资源管理中的干旱管理方法进行讨论。

10.1 区域干旱风险及脆弱性的分析评价

各流域或地区在长期的水资源管理中，特别是在制定水资源综合规划及相关专业规划中，根据气象、水文、水资源利用及干旱影响历史资料对干旱风险和脆弱性进行分析评价，将使我们对本区域的干旱风险和脆弱性问题有一个更深入的了解，从而采取措施来降低干旱风险和减少干旱脆弱性，最终从根本上减少旱灾损失。干旱风险与脆弱性分析评价可包括以下几个方面：

（1）雨养农业的干旱风险与现状种植结构下的脆弱性分析评价。

（2）农村村镇人畜饮水水源的干旱风险与脆弱性分析评价。

（3）流域和用水单元社会经济用水的干旱风险与现状用水的干旱脆弱性分析评价。

在干旱脆弱性分析评价中要对造成干旱灾害的人为因素进行深入分析和评估，发现问题，从而加以改进和解决。

对雨养农业的干旱风险与现状种植结构下的脆弱性分析评价，其目的是分析现状种植结构下各类作物存在的干旱风险和对干旱风险的适应性，从而为雨养农业选择更适宜的作物和栽培方式提供评价信息，也为农作物新品种和栽培方式的研究和引进提供干旱气候特征的评价信息。对雨养农业的干旱风险与脆弱性分析评价，可包括对作物生长期土壤水分变化的分析与评价，现状种植作物（包括，树木、林果等）种类不同生长阶段需水量对土壤水分的适应程度及对产量影响的分析评价，所种植作物的社会经济效益评价，最后做出所选择作物的干旱风险和脆弱性总体评价。由于在各流域或用水单元的降水量和其他气象条件既定的情况下，土壤蒸发与所种植农作物及其他植物的散发共同对土壤水分的变化产生影响，因此，上述分析评价要结合起来进行。

农村人畜饮水水源的干旱风险与脆弱性分析评价，主要是为包括农村饮水安全工程在内的新农村建设（包括村址的另行选择和必要的移民）规划及实施提供水源的评价论证信息。农村村镇人畜饮水水源的干旱风险分析和脆弱性评价，是对农村村镇取水水源用水可靠性、干旱缺水的不满足程度和出现频率、对居民生活和生计的影响、造成这些影响的人为因素等进行分析评价。由于在自然条件既定的情况下可改变的主要是人们自身的行为，因此对造成农村人畜饮水困难的人为因素分析十分重要。如，村址选择本身是否具备应有的生活条件，特别是水源条件；虽具备水源条件但是否具备修建供水工程的条件和能力；虽已建立了供水工程但是否因为管理不善或没有维护经费而使供水工程无法可持续利用等。从而通过这样的分析评价来确定问题，再通过规划方案的制定和实施来加以解决。

社会经济用水的干旱风险与现状用水的干旱脆弱性分析评价主要是为合理确定流域和各用水单元的用水总规模、不同保证率下的用水规模及适宜的用水结构提供分析评价信息。主要是分析流域或用水单元在本地区特定干旱气候特征条件下，地表、地下水资源量和可利用量的逐年变化情况，统计分析不同频率干旱发生时的水资源可利用量，现状用水规模对不同频率干旱发生时的缺水程度和缺水造成的损失，现状用水结构中不同行业用水的经济效益分析和资源协调利用状况评价，用水效率评价等，最终确定需改进的人为因素。

10.2 农业干旱的长期管理

按照第 4 章的分析，根据区域干旱影响下的水资源及相关资源特征，合理选择作物（包括牧业的草场、林业的树木品种），是减少农业干旱脆弱性和旱灾损失的重要策略和措施。把适合放牧的草地开垦成耕地，造成的结果是并没有多生产出粮食，反而造成了土地的沙漠化。而且畜牧业的发展可以替代一部分生猪的生产，从而大量减少养猪的粮食饲料，从而减少粮食需求，对粮食安全做出贡献，且提高了农业生产的经济效益。流域内过多的种植高耗水作物和树种，会使流域内大量的土壤水和地下水被蒸腾掉，从而使干旱缺水加重。在雨养种植业中，不合时宜的大量种植玉米等高需水作物，并不能使粮食增产，反而使更多的年份粮食没有收成或收成很少。而很多耐旱作物不但自身需水量小，且因蒸腾量小，从而有利保持土壤水分而减少干旱的脆弱性，所产的粮食，往往更适合人们的营养需求从而有更高的经济价值。

适合自然条件的雨养农业分布与种植结构，包括草场畜牧业、林业和种植业的分布以及树种、农作物品种的选择，要根据历史的优胜劣汰过程、农民经验、农业科研机构研究成果，在干旱风险及脆弱性分析评价的基础上进行，从粮食安全、经济效益（农民收益）和生态的可持续性方面做出综合的考虑和选择。同时，要加强农业科研，根据干旱风险评价对自然条件的分析，研究和培育更适合本地水、土资源和气候特征的优良品种进行种植和推广，研究更合理的抗旱栽培技术。从长期来讲，根据本地区自然气候特点，加强农业科技研究，采用农业科技最新研究成果，不断优化雨养农业的种植结构，是保证粮食安全、提高农业经济效益的根本之路，这将是一个不断进步的过程。

对于灌溉农业，则要在雨养农业干旱风险与脆弱性分析的基础上，确定需灌溉补充的用水需求量；同时，根据流域或用水单元社会经济用水的干旱风险和脆弱性分析以及水资源总体供需状况来分析确定可用于灌溉的水量；站在粮食安全、经济效益和生态可持续的角度综合考量和选择，确定灌溉规模、灌溉方式和灌溉作物。

对于灌溉农业，研究和应用节水灌溉技术和科学的灌溉制度非常重要。要在流域或用水单元的雨养农业干旱风险与脆弱性分析的基础上，研究和引进适合当地条件的节水灌溉技术，同时，根据社会经济用水干旱风险与脆弱性分析所确定的可供水量，来优化灌溉制度，使有限的水资源产生出更多优质粮食，并取得更大的经济效益。第 4 章曾根据全国的统计数据，就农业节水潜力进行分析，保证粮食安全、提高农业生产的效益，在很大程度上依靠节水灌溉的真正实施，因此科学地研究和实施节水灌溉，包括节水技术与灌溉制度，对于整个农业发展至关重要。

减少农业的干旱脆弱性，增强农业对干旱风险的抵御能力，从而减少干旱对农业的影响，不仅需要政府、社会各界的努力，而最终是需要通过广大农民的努力来实现。因此，提高农民应对干旱的能力就非常重要。要通过不断的信息提供、教育和培训，使农民掌握本地的自然特性和干旱风险，掌握适宜本地的作物品种和新品种研发、引进情况，掌握更广泛的农产品市场及价格信息，掌握抗旱栽培、节水灌溉、缺水灌溉的技术与灌溉制度等各方面的科学技术知识和信息。让更多农民掌握科学技术知识、提高农业生产能力，是降低农业对干旱脆弱性，减少干旱风险的决定性因素。

10.3　从根本上解决农村人畜饮水困难问题

解决农村人畜饮水困难问题，要与社会主义新农村建设统筹考虑和进行，不应该各行其是。努力做好包括农村饮水安全工程在内的新农村建设，将从根本上解决农村人畜饮水困难及其他农民生活条件的问题，这当然是一个不断进步的过程，但重要的是，这一切都应该在充分认识自然条件的基础上，通过科学的规划来进行。否则会浪费大量的投资而得不到应有的社会、经济和环境成效。

与城市相比，造成农村人畜饮水困难的原因，除基础设施的差别外，更重要的是水源的可靠性。因此，农村饮水安全工程及整个新农村建设要在水源的干旱风险与脆弱性分析评价基础上进行科学的规划和设计。要根据自然条件，统筹考虑农民生计和生活条件的改善，农村、农业生态系统的可持续性，总体的经济成本和效益，进行科学的规划。

虽然新农村建设是一个不断进步的过程，但规划和建设要立足长远，避免短视。对于不具备水源及其他基本生存条件的偏远山村，若原址建设需要单独的通水、通路、通电、通信这一方面加大了经济成本，同时降低了可靠性，在此情况下进行移民可能是更恰当的选择。

由于解决农村人畜饮水困难问题，要与社会主义新农村建设统筹考虑和进行，各部门的协调与合作，更多的听取农民的建议和意见及农民的参与，协调好农民和各方面的利益关系就显得十分的重要。这方面需要更多的协调和细致的工作。在每一个村落的新农村建设中都应考虑可持续的问题。因此，不仅要考虑经济和环境因素，还要充分考虑社会因素，因此通过农民的直接参与，充分了解和尊重他们的意愿和习惯，才是真正实现新农村建设的目标和保证可持续的重要社会基础。

10.4 社会经济干旱的长期管理

事实证明，对于任何一个流域或区域，超过水资源承载能力的用水，是导致干旱脆弱性的根本原因。而且这种超出水资源承载能力的大规模用水，所造成的干旱损失（包括社会、经济和环境损失），已远远超出了它所带来的利益。因此，在长期的水资源管理中，合理控制社会、经济用水的总体规模，将减少整个社会对干旱的脆弱性，从而降低干旱风险，减少旱灾损失。这其中包括根据不同频率干旱情况下的水资源可利用量和各种社会经济用水的保证率需求来调整和匹配各种社会经济用水。

这里的水资源承载能力是指包括为应对干旱而储备在内的水资源可利用量，它随着不同程度干旱的不断发生，逐年波动。通过水利工程建设，提高对水的调节能力，可增加干旱情况下的水资源可利用量。但这必须是在水资源总量的自然条件框架内，在保证生态可持续性的情况下才是可行的。根据我国的水资源自然条件的状况，特别是北方地区的缺水状况，通过水利工程修建来提高水资源可利用量的空间已越来越小。

因此，减少干旱损失，并满足现在和未来社会、经济发展对水资源的需求，根本之路在于内涵式的扩大再生产。也就是通过提高水资源的利用效率和效益来减少旱灾和满足社会扩大再生产的用水需求。第 4 章已就这方面进行了分析，在节水和通过改善用水结构来提高用水效益方面，我们有着巨大的潜力和空间。这需要在健全的国家法律法规体系环境下和政府良好的公共管理下，通过全社会的努力来实现。

10.4.1 规划的制定与实施

在长期的水资源管理中，对包括农业干旱在内的社会经济干旱的管理，要纳入规划的制定和实施中来持续的进行，可包括在水资源综合规划和节水等相关专业规划中。在这些规划的制定中，要把干旱发生的频率和程度作为当地水资源基本条件的重要内容，把提高水资源利用效率和效益作为根本策略。

对于一个具体的流域或用水单元的规划制定，首先应依据干旱风险和脆弱性分析评估，来合理确定社会用水的总体规模和各种干旱情况下的用水规模，并以此为基础进行规划。规划可采取以下方法进行：

（1）根据本流域干旱影响下的水资源天然变化情况，在保证生态可持续性的前提下，制定水利基础设施建设和完善的规划方案，提高水资源可利用量，减少因基础设施不足造成的干旱脆弱性。

（2）在确定水利工程条件下，根据干旱风险评估，确定各种保证率的水资源可利用量。

（3）对流域和各用水单元内各类用水的社会、经济、环境效益进行综合分析，确定各类用水的优先级和保证率（与干旱时期用水优先级排序相一致）。

（4）比较流域和各用水单元在干旱影响下各种保证率的水资源可利用量和用水需求（包括未来增加的用水需求），对超出水资源可利用量的用水需求量通过采取节水措施和用水结构调整来加以解决。这要制定具体的节水计划，并落实。

（5）在流域和各用水单元各种保证率的水资源可利用量控制框架内，按照各类用水的优先级和保证率，按照节水计划和对低效益高污染用水的限制政策核定各用水户的用水量，进行流域和用水单元内的水资源分配。这意味着，在合理的规定时间内，对于没有执行节水计划、标准和限制政策的取水将不赋予取水许可用水权，从而把用水量控制在各种保证率的水资源可利用量范围内。

这其中，制定明确而具体的节水和用水结构调整计划，并真正得以落实是关键的环节。可通过以下方法来实现：

（1）节水和用水结构调整计划应是明确的、可操作的和指令性的。规划和计划的制定要有明确、具体的目标和时间表。

（2）依据节水规划或计划的目标和时间表，制定流域和区域各行业用水的具体用水标准。在标准制定中，要分析流域和用水单元内各具体行业用水的现状节水水平和目前科学技术水平下、经济合理情况下可达到的节水水平，要依据流域内水资源及相关资源的特点确定不适宜发展的行业和对这些行业的具体限制措施，最后在节水目标和时间表的总约束条件下，制定各行业用水的具体标准。

（3）依据节水目标（包括实现目标时间表）和具体标准，通过取水许可等用水制度的直接控制方法、经济手段、激励机制等管理方法和措施，在用水户参与下，落实每个取水户节水和用水调整的计划和措施。

（4）通过认真的管理，从落实每个用水户的节水和用水调整措施入手，最终落实流域和用水单元的节水规划（或计划）和标准。

在我国，特别是北方地区和南方缺水地区，在自然条件的约束下，减少干旱损失，且满足未来社会经济发展对水资源需求，并保持生态系统的可持续性，唯一的途径是通过提高用水效率和效益来进行内涵式扩大再生产。

长期以来，对节水和改善用水结构，也给予了很高的重视，但缺少严密的管理。从规划和计划的制定到具体的落实，要在本流域或地区的自然和社会条件框架内，从细节入手，根据具体情况制定总体策略和具体措施，并通过对具体措施逐一落实来使具体问题逐一解决，最终实现规划或计划的目标。不注重细节，缺少具体的分析、计划和落实，是目前存在的一个重要的问题。

10.4.2 法规体系建设、政府公共管理与全社会的努力

实施节水和改善用水结构是全社会为了共同的利益所应负起的共同责任和采取的共同行动。其中，国家和政府的作用更多的是通过公共政策制定和落实来使这种社会行动有序、公平、高效的进行。这其中，公共政策要通过法律、法规、标准体系的建立和具体执行来落实。目前我国的《水法》等基本法律已做出了基本的规定和要求，但这些规定和要求需要具体的法规和标准体系来落实，才能成为社会严格遵守的具体行动准则。从目前的总体情况看，我们在法规和标准的制定上具有明显的缺失，这影响了在节水和改善用水结构方面整个公共管理的效率和效能。

对于我国这样一个大的国家，各地区的自然和社会条件具有明显的差异。因此各流域或地区应在国家基本法律的基础上，根据本流域或地区的具体情况来制定具体的法规和标准体系，以解

决本流域和地区的具体问题。另外，法规标准体系应随着社会经济的发展和发展中出现的新问题不断调整和完善，以解决新的问题和改进原有的不足。因此，法规标准体系应在应用中不断的修改和更新。

法律、法规和标准一旦建立就应严格的加以执行，这是政府和政府部门公共管理的重要职责。保证政府、政府部门和政府工作者严格和公正地依据法律、法规和标准进行公共管理，使这些法律、法规和标准真正成为全社会的用水准则是十分重要的。

干旱管理及整个水资源的利用和保护，涉及众多政府部门，这需要各部门的共同协作来进行。为此，加强部门的交流与合作十分重要。同时，为了使全社会共同采取行动，公众的参与是十分重要的。各地区和流域无论是法规、标准体系的建立中和执行中，包括具体的规划制定和执行，都要在部门合作和公众参与的基础上进行。部门合作与公众参与可使制定的规则和决策更加科学合理。同时，共同制定的规则共同执行，合作和参与就意味着对共同制定的规则和决策承担责任，这将从根本上有利于规则和决策的执行。

10.4.3 实施更科学的管理手段

运用政府公共管理中直接控制的办法，来促进节水和调整用水结构，减少干旱脆弱性具有重要的作用。这其中，取水许可管理是十分重要的管理平台和手段。应严格地执行取水许可的各项制度和规则。应完善取水计量和排水监测设施，实施严格的取水计量和排污监测，否则取水许可制度的严格管理将失去管理的基础。

除直接控制外，应更多的发挥经济手段的作用。在我国市场经济的基本体制下，为运用经济手段，发挥经济机制的作用提供了重要的条件。其中，制定合理的水价，通过水价的作用来配置资源是十分重要的。

同时要采取更多的激励机制。认真实施节水和减少排污的企业给予适当的经济补助和奖励，并大力宣传其先进做法；对于没有按规划和标准进行节水和减排的企业依法采取严格的处罚,并列入黑名单公布于众,对于创造良好的节水型社会氛围具有重要的作用。

10.5 干旱监测与干旱管理信息系统建立

10.5.1 干旱监测需加强的主要方面

干旱监测,是整个干旱管理的信息基础,无论是干旱时期的干旱管理还是长期水资源管理中的干旱管理,都需要干旱监测系统提供全面、准确的监测数据。由于长期以来,我们更加注重服务于大型水利工程建设和防洪的需要,对洪水和大江大河的观测得到不断的加强。但在旱情监测方面与干旱管理的需要具有很大的差距,需要进一步的加强。

首先,我们应加强土壤墒情的监测。土壤墒情监测,对于农业干旱的管理十分重要,它不仅是农业干旱的重要指标,而且是科学的实施节水灌溉和缺水灌溉的重要数据依据。为此根据需要来设置。墒情的变化影响因素众多,如降水、气温和蒸发等气象因素对墒情变化的作用很大,同时耕地的地形和土壤特征也对墒情的变化起着重要的作用,为了准确测定每块耕地的土壤墒情需要建立更多的监测站。至少墒情的监测站要多于雨量监测站的数量,因为墒情比降水更多地受到下垫面条件因素的影响,其变化需要更多的监测站来控制。

在墒情监测方面,目前的监测手段和信息传输手段也非常落后,更多是采取人工监测。同时,目前在自动监测技术方面,监测精度还有很大的差距。这些都限制了墒情监测站的建立。为此,应加强这方面的研究。并加大投入以满足干旱管理对墒情监测的需要。

在我国的很多缺水地区,是以地下水为重要的水源。因此,地下水的监测对干旱管理具有十分重要的作用,目前这方面的监测也满足不了干旱管理的需求,需要重点进行加强。这方面的需求,一方面体现在监测站数量不足;另一方面是监测站的分布上，要更加注重小型河谷平原的监测，因为这对干旱偏远山区的人畜饮水和社会经济用水十分重要。

用水计量和水平衡测试，无论对干旱管理还是整个水资源管理都是至关重要的。目前这方面还处于十分落后的状态。这直接导致了用水管理的粗放和无法有效地进行。

中小河流、中小水库和湖泊水文观测站的偏少，也是目前干旱监测中普遍存在的问题，这也是干旱监测应主要加强的方面。

在干旱监测方面，各流域和地区应根据干旱管理的实际需要和本地区气象水文的变化情况进行具体的规划、设计和建设。

10.5.2　干旱信息系统的建立

由于干旱信息来自于不同的监测部门，而干旱管理需要更多部门的合作，干旱管理需要全社会对干旱有更全面、更准确的了解和把握，建立一个跨部门的、服务于全社会的干旱信息系统是干旱管理必要手段之一。同时，实施科学的干旱管理，需要对干旱进行定量的分析和管理，这需要大量的数据分析和水资源模型工具的应用，这也需要通过建立干旱信息系统来进行支持。

干旱信息系统首先应满足干旱时期干旱管理的需要，这包括：

（1）作为统一的干旱管理信息平台，使气象、水文、水资源等各有关部门的监测信息进入干旱信息系统，形成完整的干旱信息；同时，使所有干旱管理部门能够随时获得完整的干旱信息，满足其干旱管理的需要。另外，干旱信息系统应能够及时准确地向社会发布干旱、干旱管理中社会所需要的各方面信息。

（2）作为干旱风险分析、干旱等级分析、干旱管理方案分析、干旱缺水量计算、干旱用水调度方案分析、干旱紧急限制用水方案分析、干旱污染状况及解决方案的分析和计算平台，通过模型和其他分析、计算工具的建立，来满足干旱管理的需要。

（3）作为日常干旱管理的工作平台，用于日常干旱管理中各种统计图表的和文件编写等工作的工作平台。

同时，干旱信息系统还用于满足长期水资源管理中干旱管理的需要，为区域干旱特征及干旱风险分析、规划编制提供信息和工具。

由于干旱管理是水资源管理的重要内容，干旱信息系统也是水资源信息系统的重要内容。为此，干旱信息系统可作为水资源信息系统的一部分而统一建立，这样更有利于信息资源和模型等分析计算工具的统一使用。

参 考 文 献

[1] 张世法，苏逸深，等．中国历史干旱（1949～2000）．南京：河海大学出版社，2008.

[2] 水利部水利水电规划设计总院．中国抗旱战略研究．北京：中国水利水电出版社，2008.

[3] 辽宁省防汛抗旱指挥部，辽宁省水文水资源勘测局．辽宁水旱灾害．沈阳：辽宁科学技术出版社，1999.

[4] 水利电力部水利水电规划设计院．中国水资源利用．北京：水利电力出版社，1989.

[5] 辽宁省水利厅．辽宁省水资源，沈阳：辽宁科学技术出版社，2006.

[6] 朝阳市水务局．朝阳水利大事记，沈阳：辽宁民族出版社，2006.

[7] 高传昌，吴平．灌溉工程节水理论与技术．郑州：黄河水利出版社，2005.

[8] 梅旭荣，严昌荣，牛西午．北方旱作区节水高效型农牧业综合发展研究．北京：中国农业科学技术出版社，2005.

[9] 全球水伙伴技术委员会技术文件第4号．梁瑞驹，沈大军，吴娟译．水资源统一管理．北京：中国水利水电出版社，2003.

[10] United Nations, 2007. Drought Risk Reduction Framework and Practices: Contributing to the Implementation of the Hyogo Framework for Action. Published by the United Nations secretariat of the International Strategy for Disaster Reduction, (UN/ISDR), Geneva, Switzerland, in partnership with the National Drought Mitigation Center (NDMC), University of Nebraska-Lincoln, Lincoln, Nebraska, United States; May 2007.

[11] DFID UK and WRM in China: Water Resources Demand Managemnt Project, Case Study L2 Integrated Water Abstraction and Wastewater Discharge Permitting-Drought Management Manual, July 2008.

[12] Drought Indices Summary Information, US National Drought Mitigation Center http://www.drought.unl.edu/

[13] Colorado Water Conservation Board, Colorado Guidelines for the re-

view of drought mitigation plans. CWCB, 2002.

[14] Colorado Water Conservation Board, Colorado Drought Mitigation and Response Plan, Updated 2002.

[15] Grigg, Neil, 1995. Water Resources Planning, April 1995.

[16] Melbourne Australia Water, 2001. Drought Response Plan (Yarra catchment) Private Diversions, Doc ref: DRP Nov 2001F. pdf Page 1, Final Version November 2001.

[17] Qian Mingkai, Wei Xinping, Yang Dawen, 2007. Capacity Building for Flood and Drought Management in China, PowerPoint Presentation, Huaihe River Commission, Ministry of Water Resources and Bureau of Hydrology, Ministry of Water Resources, Tsinghua University, Tokyo, January 2007.

[18] Republic of South Africa, 2005. Drought Management Plan (DMP), Department of Agriculture, Republic of South Africa, A Discussion Document For Public Comment, August 2005.

[19] Singleton Council NSW 2006. Drought Management And Emergency Response Plan, Singleton Council, Queen Street, PO Box 314, SINGLETON NSW 2330.

[20] Uijterlinde, R. W., 2007. Management of Drought Workshop Report, EUWMA, European Union of Water Management Associations, 23 February 2007.

[21] UK Department for Environment, Food and Local Affairs, 2005. Drought orders and drought permits. Information from the Department for Environment, Food and Rural Affairs, Welsh Assembly Government and the Environment Agency, July 2005.

[22] UK Environment Agency 2007. Water company drought plans-general recommendations for water companies in England, April 2007.

[23] UK Environment Agency, Drought Plan for Anglian Region, Central Area, 2005.

[24] UK Environment Agency, Drought Plan for Midlands Region. 2005.

[25] UK Environment Agency, Regional drought plan for North East region. 2005.